湛庐CHEERS

与最聪明的人共同进化

HERE COMES EVERYBODY

整合思维

THE OPPOSABLE MIND

[加]罗杰·马丁（Roger Martin） 著

王培 译

浙江人民出版社
ZHEJIANG PEOPLE'S PUBLISHING HOUSE

测一测，你是否拥有整合思维?
扫码下载“湛庐阅读”App，
搜索“整合思维”，
进行测试。

目录

第二部分
整合思维的思考框架

THE OPPOSABLE MIND

The Opposable
Mind

How Successful
Leaders
Win Through
Integrative Thinking

前言

用整合思维
解决对立性问题

同时葆有全然相反的两种观念，还能正常行事，是一流智力的表现。比如，一个人应该既能看到事情的绝望之处，又能下定决心扭转乾坤。[1]

——菲茨杰拉德

1999年9月，李秦（Michael Lee-Chin）遭遇了商业生涯中最严重的危机。他经营了十多年的资产管理公司AIC正面临倒闭的风险。形势不容乐观，但李秦还是下定决心扭转局面。

李秦以前也有过艰难岁月。他是混血儿，母亲是牙买加人，父亲是中国人，家里有9个孩子，他排行老大。在家乡牙买加安东尼奥港，李秦备受排挤，邻居家的孩子经常嘲讽他和他的兄弟姐妹。他告诉我，觉得自己“两不像”，既不像中国人，也不像牙买加人。[2]

李秦的母亲和继父都在当地的超市上班，他们工作勤勉，活得很有尊严，母亲还兼做了另外两份工作——图书管理员和雅芳销售员。靠着努力攒下的积蓄，父母最终创办了超市，但家里仍不算富裕。那时他们从没想过，大儿子有一天会登上《福布斯》杂志全球亿万富豪榜。[3]

1970 年，李秦来到了加拿大，在位于安大略省哈密尔顿的麦克马斯特大学就读。毕业后，他干了一些稀奇古怪的工作，包括铁路机师和酒吧保镖，同时他也在寻找自己真正的人生使命。由于性情温和、态度友善、反应机敏、体型高大，身高 1.95 米，李秦天生就是干销售的一块好料。李秦还发现自己对投资也很有兴趣。1983 年，他借了 40 万美元炒股。到了 1987 年，他用赚到的钱买下了 AIC，这是一家管理着 60 万美元的客户资产的小型投资咨询公司。[4]

作为沃伦·巴菲特的崇拜者，李秦在 AIC 采用了与共同基金行业几乎完全不同的投资策略。传统的共同基金管理人通常同时持有一两百只不同的股票，每隔 18 个月才会将整个投资组合做一次调整。但李秦的 AIC“领先基金”（Advantage Fund）效仿了巴菲特的方法，长期且相对集中地持有投资组合。该基金长期持有一二十只股票，正如他所说，“基本会永远持有它们”。李秦“买入、持有并获利”的投资策略收效很好，到了 1999 年，他的资产管理规模增长了 1 万倍，达到了 60 亿美元。

然而，就在 1999 年，跟我们经常听到的那一年发生的事情一样，局面开始急转直下。投资者疯狂买入互联网公司股票，投机炒作初创型企业，短线交易也突然变得很受欢迎；而共同基金买入并持有的投资策略，以及金融业、制造业和零售业的股票组合似乎已经变得过时了，难以跟上时代步伐。很多投资者对 AIC 的投资理念失去了信心，“领先基金”遭遇了历史上第一次大规模的净赎回，流出基金的资金比流入基金的新资金还多。

1999 年 9 月 2 日早上，李秦和 AIC 跌入低谷。李秦打开当天的报纸，发现加拿大最有影响力的一位专栏作家写了一篇文章，抨击 AIC 的基本商业模式并呼吁投资者趁他们的投资组合还值点钱，赶紧赎回自己的资金。这篇文章预言，为了获得足够的现金应对赎回潮，AIC 将不得不出售“领先基金”持有的很多股票。这位作家还预计，被迫出售资产将进一步压低该基金所持股票的价格，这反过来会让基金净值进一步下滑，从而引发更大规模的赎回，新的赎回潮会导致更多的股票抛售并形成净值下滑的恶性循环。总而言之，这种情况会一直持续，直到 AIC 破产。[5]

李秦对那天早上的情景记忆犹新。“我感觉糟透了！”他向我坦承。尽管压力巨大，但他觉得这个试图吞灭 AIC 的危机中也暗藏着一种机会。他向我解释，“危机”一词是由两个字组成的：“危”和“机”。

李秦必须做出抉择，而且速度要快。他是否应该卖出股票以应对赎回潮，承认他的“买入、持有并获利”策略有着致命的缺陷，然后再买入更多的科技类公司股票来迎合当前的市场偏好？这种做法可能会拯救公司，但代价就是，这将摧毁他作为投资者信奉和珍视的全部投资理念。还是他应该坚持自己的原则，毫不动摇，宁愿让公司去冒陷入死循环的风险，而这种风险有可能摧毁自己几乎白手起家打拼出来的事业？

李秦冷静下来，设想各种方法，不久，他就做出了决定。他的选择便是——没有选择，或者说，两个选项他都选了。他告诉我："市场预料我们不得不抛售股票，我说，'如果我们不抛售，那么情况会如何呢？如果我们反其道而行之，继续买入股票，那么又会如何呢？'我们设想了完全相反的情形，好让市场对我们的行为预期泡汤。"

李秦几乎没有别的选择，只能卖出部分股票，以应对赎回。但随后他采取了令人惊讶的举动。市场预期 AIC 会用赎回后剩下的资金全部买入科技股。但李秦打破了市场预期。他决定："我们将确定买入麦肯齐金融公司（Mackenzie Financial Corporation）的股票。我们要把所有资金都用来买入那只股票。"他用 AIC 公司账上的每一分钱和能从银行借到的每一块钱买入了麦肯齐，将之作为基金的重仓股，因为他和同事十分了解这家公司。他回忆说："我们竭尽所能买入麦肯齐，一夜之间，麦肯齐的股价从 15 美元涨到了 18 美元。后面的事情就众所周知了。2001 年 4 月，麦肯齐被卖掉的时候，每股涨到了 30 美元。我们为基金投资人赚了 4 亿美元，同时自己也获得了丰厚的回报。”

李秦的决策不仅拯救了 AIC，还使 AIC 成为加拿大最大的私人共同基金公司，同时他也成了坐拥十亿美元资产的富豪。他拥有的巨大财富足以买下牙买加最大的银行——牙买加国家商业银行（National Commercial Bank Jamaica），并使其扭亏为盈，同时还有能力资助牙买加、加拿大和其他国家的公益项目。

整合思维的优势

AIC 的现金危机和李秦对危机的响应，似乎对其他商业困境并无多大借鉴意义。但李秦大胆的反击行动，并不是一位鲁莽的牙买加企业家为了应对罕见情况而一时兴起的孤注一掷。我相信，李秦在此期间的思维过程，与今日商业领域中某些最有创造力和最成功的人士有着共同之处，无论他们身处的领域和遇到的问题有何不同。

过去的 15 年，我先后成为管理咨询者和一家商学院院长，花了大量时间研究那些取得令人瞩目的成功并堪称典范的领导者，试图搞清楚他们成功的共同之处。过去的 6 年间，我采访了 50 多位这样的领导者，有些采访持续了 8 小时。当我在倾听他们讲述的时候，一个共同点清晰地浮现了出来。

整合思维 THE OPPOSABLE MIND

除了创造力和实现长期商业成功的天赋之外，成功领导者至少都有一个特质，即具有同时持有两种完全相反观念的倾向和能力。他们没有选择恐惧症，也不会草率地做出非此即彼的选择，而是会提出一种综合方案，这种方案比两难抉择中的任何一个选项都更好。我将这一决策过程，或者更准确地说，这一思考和整合方式，称之为“整合思维”，这就是优秀企业和企业家具备的共同特质。

当我聆听某些头脑最敏锐的领导者的商业访谈，了解他们在商业生涯中是如何思考和决策来应对最严峻的商业压力和困境时，我找到了一个可以深刻洞察他们的思维方式的类比。这些思想家能持有两种对立的观念，而且能充分利用它们之间的有益张力。这种技能提醒我，人类拥有灵活使用双手的高级技能。我们都知道，人类在生理特征上具有几乎任何其他生物都不具备的一种特征，那就是拥有与其他手指相对的拇指。多亏了这种张力，我们才能通过拇指和其他手指之间的对立来创造事物，才能做出其他生物无法做出的惊人举动——书写、穿针、雕刻珠宝、绘画、手术。如果没有拇指和其他手指之间至关重要的对立，那么所有这些行为都是不可能实现的。

进化使人类拥有了颇具价值的潜在优势。但如果我们不能以更精巧的方式利用好这种优势，那么这种潜力就会被浪费。当我们开始学习书写、缝纫、绘画、打高尔夫时，就已经开始使用对立的拇指，训练与拇指相关的核心肌肉和控制拇指行为的大脑。如果没有开发出这些对立的能力，那么我们就不会发展出生理上的对立特征，或者不会随之发展出认知能力。

同理，我们天生就能“对立性思考”，可以借此持有两种相互冲突的观念，建立有益的张力，然后，利用这种张力思考并形成新的更好的观念。如果某个时刻我们在脑海中只持有一种看法或观念，那么就不可能理解对立性思维产生的洞见。虽然我们以前认为不可能具备运用对立的拇指执行任务的技能，但实际上我们能发展和完善这种技能。所以，我相信，只要通过耐心的练习，也能培养出运用对立性思维的能力，来解决似乎穷尽一切努力都无法解决的问题。我不会夸口说，对于每个问题都有像李秦想到的那种既明智又成功的解决方案。但在日常生活中，我们经常面临两难抉择，而两种选项都不令人满意。通过对立性思考，即整合思维，摒弃那些乏味的选项，我们就能提出之前想不到的解决方案。

我肯定不是第一个注意到人类心智具备这种卓越能力的人。20 世纪 50 年代，菲茨杰拉德就将“同时葆有全然相反的两种观念，还能正常行事”视为“一流智力”的标志。然而，“一流智力”这种说法是值得商榷的。在菲茨杰拉德看来，只有那些天生智商最高的人才会拥有这种能力，从而利用整合思维来提出新想法。

我认为，菲茨杰拉德得出只有天才才能拥有整合思维的结论似乎过于草率了。诚然，本书中提及的人物都拥有一流智力，但他们的性情也至关重要，只有拥有不恐惧、不焦虑的性情，才能让对立的想法发挥作用。不过，我的观点更接近于研究整合思维的另一位学者托马斯 · C. 钱伯林（Thomas C.Chamberlin）的观点。钱伯林在 1887 年至 1892 年期间，担任威斯康星大学的校长。他是一位自然主义者，于 1890 年提出了“多重工作假说”（multiple working hypotheses）的思想，以改进当时科学方法中最常用的“单个工作假说”，即：科学家通过试错法和实验法来检验单个解释性概念的有效性。钱伯林在当时世界上最具权威的需要经过同行评议的科学期刊《科学》杂志上发表了一篇文章，他写道：

> 在检验单个假说的过程中，思维被假定为只能形成单个的解释性概念。但一种充分的解释通常需要涉及若干行为主体的协同工作，才能产生不同分量的综

合结果。因此，正确的解释必然是复杂的。这种对现象的复杂解释尤其需要用到多重假说方法并利用好每一种假说的主要价值。[6]

在采访了超过50位伟大的商业领袖之后，我与钱伯林和菲茨杰拉德形成了一致看法：**那些通过利用对立观念来提出新方案的思考者比一次只考虑一种方案的思考者拥有内在优势。**

在任何时候，在任何时代，运用整合思维的能力都是一项优势，在当今世界的优势更为明显。在这个信息泛滥的时代，每一项新的数据都会让早已纷繁难解的现实变得更加复杂。如果我们想要绕开这些繁杂的结点，找到属于自己的出路，那么整合思维就是一种必备的技能。当然，商业领域似乎是最适合运用这种新方法来解决问题的领域。

在经营中，我们经常面临一系列两难抉择或权衡。要么保持稳定增长，要么在设计、制造和销售方面提出开创性的有风险的新方法；要么持续降低成本，要么投资于更好的店面和服务；要么服务于股东，要么服务于社区。但如果有一种方法，既能满足客户利益，又能满足股东利益，且不需要牺牲任何一方的需求和利益呢？如果有一种方法，既能满足增长的要求，又能对环境事务承担起责任呢？如果有一种方法，既能做到追求创新，又能让庞大的企业持续有效地运转呢？

整合思维呈现了一种绕开“非此即彼”这种二元局限的途径。它向我们表明，有一种方法既可以整合某一种方案的优点，又不必舍弃另一种方案的优点。用诗人华莱士·史蒂文斯（Wallace Stevens）的话说，整合思维能让我们“不在选项之间，而在选项之中”[7]做出选择。

整合思维的成功案例

夏普用整合思维打造四季酒店

整合思维让伊萨多·夏普（Isadore Sharp）创建并打造出全球最成功的豪华酒店连锁企业——四季酒店度假集团。四季酒店品牌在客户心目中树立了极致的奢华服务的形象。夏普开的第一家酒店是在多伦多郊外的一家路边汽车旅馆，各方面条件都跟今天的四季酒店大相径庭。他后来又在多伦多市中心开了一家大型传统酒店。这两家酒店代表了当时全球酒店业的两种主流模式。

夏普发现自己对这两种主流模式的理念越来越失望。他喜欢小型汽车旅馆的私密和舒适，但苦恼于它只有 125 个房间，其收入不足以抵消商务客人看重的便利设施（如健身设施、会议室、餐厅）的成本。同样，他也喜欢大型传统酒店，因为能满足客人的所有需求，但 1 600 个房间又太多，不能像汽车旅馆那样为客人提供温馨的私密体验。

这两种类型的酒店在风格上有着根本的、不可调和的冲突。客人要么选择私密而舒适的小型汽车旅馆，要么选择位置更便利、设施更齐全的大型传统酒店。但当时没有任何一家酒店可以同时满足这两类需求。因此，酒店行业投资人只能选择其中一种类型，接受该类型酒店的缺陷。然而，夏普却不这么认为。因为每一种类型都有缺点，所以他没有在两种类型之间做出选择，而是利用整合思维创建了一种新式酒店。这种酒店既有汽车旅馆的私密性，又有大型传统酒店的便利性。

雷富礼用整合思维解决宝洁的定价悖论

当宝洁公司首席执行官 A.G. 雷富礼（A.G.Lafley）在 2000 年 6 月走马上任时，这家享誉全球的消费品制造商正经历阵痛。宝洁公司的收入增长几乎已经停滞，连续两个季度利润表现不佳让雷富礼的前任下了课。公司 10 个顶级品牌中的 7 个品牌的市场份额正在下滑。公司支出的研发费用越来越多，但生产的创新产品却越来越少。公司没能准确把握客户的需求。

公司内外有很多人好心地为雷富礼提出建议。他们都认为公司的成本管理失控了，并且认为商场自有品牌和其他低成本竞品是宝洁公司的主要威胁。因此，公司应该以降低产品价格来应对竞争，而大幅削减成本是实现降价的必要手段。然而，雷富礼并不认同这些建议。

另外一些人的意见认为，宝洁的问题在于产品创新力下降了。根据这种看法，公司成功的唯一方法就是用创新产品将宝洁与其他低价竞争者区分开，设定更高的产品售价，提升利润率。雷富礼同样不认可这种看法。其实他完全可以告诉员工、零售商和消费者，宝洁会选择这两种策略中的一种：要么削减成本，大幅降低产品价格；要么大幅增加创新投入，重塑品牌形象，采用高价策略。要做这样的决策很容易。

然而，跟李秦一样，雷富礼没有二选一，而是融合了两种策略的优点。他认为，宝洁需要降低成本，更具价格竞争力；但同时也认为，宝洁需要强调创新，这能让公司的品牌形象显著优于竞争对手。之后的几年，雷富礼让管理架构更加扁平化，缩减了公司总部职能部门的规模，外包了一些不具成本优势的工作流程，提拔了一群有干劲的年轻管理者，强调了能力建设的重要性，还让公司上下都有意识地聚焦于产生现金流和降低成本。与此同时，他持续表达着真诚服务客户的激情，将产品的增值价值传递给客户。在宝洁历史上，品牌设计第一次成了公司工作的重点。雷富礼开创了一种新的创新方法，这种方法提升了公司的品牌形象，提高了宝洁的产品价格。不久，宝洁销售的香皂、清洁剂和化妆品的价格比商场自有品牌和折扣商店的价格更有竞争力了。同时，公司引入了像玉兰油护肤品之类的优质产品，价格也不便宜，一瓶 3 盎司的玉兰油要卖 25 美元。

是什么思维让两种不同的策略整合成了一种统一的策略？雷富礼无意中说的一句话提供了重要的线索。他曾说："我不是那种喜欢在两个选项中二选一的人。"利用整合思维而非单一思维的效果是十分明显的。雷富礼带领宝洁实现了收入的持续强劲增长和利润的两位数增长，公司股价在 4 年内上涨了一倍。由此，雷富礼成为那个年代最优秀的首席执行官之一。[8]

鲍勃·扬用整合思维打造红帽软件领导者地位

1995 年，当红帽软件公司（Red Hat Inc.）宣布实现了 1 400 万美元的销售收入时，没有任何征兆显示公司会成长为 Linux 操作系统的全球主流厂商，年收入将达 4 亿美元，而联合创始人鲍勃·扬（Bob Young）也将随之成为十亿美元级富豪。那时，像扬这样的软件创业者面临的选择只有两种主流的商业模式。一种是专用软件模式，典型代表者是微软和甲骨文。它们在研发方面投入巨资，严格保护自己的知识产权并给产品设定了很高的价格。它们享受着高利润率，因为客户没有其他选择，既不能更换别的软件，也不能按照自身需求升级软件，只能购买常规的软件升级服务。

另一种是免费软件模式。当然，这是一种误称，实际上软件只是很便宜，但并不是免费的。免费软件提供商售卖用收缩膜包装的光盘，其中包括了软件和源代码。价格也很便宜，一张 Linux 操作系统安装盘的售价只有 15 美元，而微软操作系统则卖 200 美元，每当新版本发布时，供应商还可以从中赚钱。免费软件销量很大，但利润微薄，收入也很不稳定，其中部分原因是个性化的小型供应商越来越多，这让那些寻求产品标准化和可靠性的公司类客户不再选择购买这类免费软件。

扬认为这两种模式都不尽如人意。他觉得高利润的专用软件模式令人厌恶，他正致力于推广开源软件运动及其公司的旗舰产品：Linux 操作系统。Linux 和开源软件的源代码是免费提供给公众的，Linux 客户有一定软件修改权，而专用软件操作系统无法做到这一点。但传统的免费软件模式限制了红帽软件公司的收入增长、市场渗透和利润率。如果红帽软件公司不改变商业模式，那么就只是众多销售 Linux 操作系统公司之一，无法脱颖而出，将规模最大化。它将不得不面对众多软件开发商的竞争，大家都在边缘市场提供产品和服务。

现有的这两种选择都令扬不满意。于是，他将两种模式进行了整合：作为开源软件运动的忠诚卫士，他决定红帽软件公司的软件继续免费；同时，也像专用软件巨头那样，通过建立与客户的持续服务关系获取利润。扬重新设计了红帽软件公司的软件，使客户可以从互联网上免费下载。当他刚提出这一方案时，同事对前景颇感担忧。然而，事实证明，这一举措让红帽软件公司从众多竞争者中脱颖而出，成为唯一获得大公司信任的规模化的 Linux 操作系统提供商。红帽软件公司从而确立了业内的主导地位，具备了经营优势。[9]

先思考，再执行

在本书中，我将分析整合思维的过程，剖析该过程的构成要素，探讨人们在培养和实践整合思维以及发挥整合思维的全部潜能方面需要哪些能力和技能。但在开始探讨之前，我们有必要对“整合思维”给出一个清晰的定义：

> 一种积极面对对立性观点之间的冲突的能力，以及不在两种观点中做出选择，而是构建一种新的创造性解决方案的能力，该方案包含了两种对立性观点的元素，但其效果超越了其中任何一种观点。

在我采访过的诸多领导者中，这种思维方式是他们最普遍具备的共同特点。然而，除了都很擅长采用整合思维，他们也有着显著的个体差异：有的上了年纪，有的年轻而又精力充沛；有的习惯于谨言慎行，有的则习惯于直言不讳；有的极富冒险精神，有的则很有风险意识；有的较擅长交际，有的则比较内敛。

尽管有着众多的个性差异，但在我看来，他们都有一个让自己成为成功的领导者的共同点。我相信成功有很多决定性因素，比如智力、动机、健康。当然，还包括在正确的时间做正确的事。但除了这些因素，整合思维可以提高成功的概率，而无须牺牲其他用以解决问题的行为方式和思维范式。

我对思维方式的强调并没有受到商业理论家和实践者的广泛重视。近年来，有潜力的领导者经常被问到的问题是“我应该怎样做”，而不是“我应该怎样想”。在更看重执行的领导者眼中，互联网泡沫的破灭表明了宏观战略在思维层面的失败，同时也把商业领导者的注意力从思考转向了执行。我们很容易在近些年最有影响力的3本商业领导力著作中发现这种对“执行”的偏好：霍尼韦尔首席执行官拉里·博西迪（Larry Bossidy）和管理咨询顾问拉姆·查兰（Ram Charan）合著的《执行》（*Execution*）；管理学家吉姆·柯林斯（Jim Collins）的名著《从优秀到卓越》（*Good to Great*）；通用电气公司前首席执行官杰克·韦尔奇（Jack Welch）的《杰克·韦尔奇自传》（*Jack: Straight from the Gut*）。[10]

在《执行》一书中，博西迪和查兰认为，“执行是今日商业领域尚未解决的难题”，并讽刺了那些喜欢思考战略的管理者。博西迪和查兰根据自己对“执行”的定义，逐一列出了管理者必须要做的所有事项。这一清单相当长：“执行的要义在于3个核心流程：员工流程、战略流程和运营流程……这些流程对于执行至关重要，需要高度重视。”[11] 该书其余部分具体阐述了管理者应该如何做好3个核心流程，还列举了卓越的首席执行官们的执行案例，包括美国电子数据系统公司（EDS）的迪克·布朗（Dick Brown）和美国朗讯科技公司的亨利·沙赫特（Henry Schacht）。

在《从优秀到卓越》中，柯林斯试图解释企业是如何从优秀走向持续卓越的。在论证过程中，他提出了如今十分流行的“第五级领导者”理论，他相信这种领导者能带领企业实现卓越。他认为，第五级领导者展现出了决心和自我效能，无私地把功劳归于下属，而不是归于自己；为企业招聘了合适的人才，让员工的能力与工作相匹配，并为员工设定了有难度的目标。这本书为如何成为第五级领导者提供了很多建议。

韦尔奇在自传中回顾了职业生涯，重点介绍了自己是如何一步步做到通用电气首席执行官的，又是如何带领通用电气实现了辉煌成就的。

这 3 本书都强调执行比战略重要，而且描述了产生有效行动的思维方式。在博西迪和查兰看来，领导者的思维必须聚焦于执行和督导，除此之外，不需要思考更多的东西。在柯林斯看来，理想的思维方式是领导者能将个人的谦逊与强烈的动机结合起来。韦尔奇的思维方式则是倡导设定高标准并实现每一个目标。

我绝不怀疑执行的重要性：没有执行的思考几乎不会产生价值或结果。然而即便如此，关于怎么做才能成为优秀的领导者，我们很难从这 3 本畅销书中获得有说服力和有操作性的方法。

博西迪和查兰的逻辑让人困惑。尽管他们嘲讽领导者专注于战略而非执行，但最终还是承认，战略是执行的组成部分。因为不可能在战略和执行之间划出清晰的界线。他们所谓的“执行”实际上融合了一系列领导者必须要做的事情：战略 + 运营 + 人力资源管理。其理论的可信度实际上还被所举的例子降低了。就在《执行》这本书出版后不久，迪克 · 布朗和亨利 · 沙赫特都因为糟糕的业绩表现而被解雇。

在《执行》之后，柯林斯在提出建议时比较克制，也更真诚，其建议让人耳目一新。他解释了第五级领导者往往是怎么做的，但也坦承自己无法告诉读者如何成为第五级领导者。他写道：“为了帮助你自我成长，我乐意提供成为第五级领导者的行为清单，但没有充分的研究数据支持这份清单的可信度。”[12]

韦尔奇尤为有趣。他是我关于整合思维的受访对象，被我视为整合思维者的典范。但我不建议你从他的工作经历中了解其思维模式。在他担任通用电气首席执行官的早期，坚持让通用电气的每一个业务单元都要在各自领域占据数一数二的位置。最终，业务单元领导者做到了数一数二的领域地位。然而到了职业生涯后期，韦尔奇坚持，业务单元领导者必须重点发展市场份额小于 10% 的商业机会。他认为，如果领导者明白这些商业机会的市场空间远比当前的份额更大，那么就能更快地抓住这些机会。从这个意义上讲，韦尔奇的确是整合思维者的典范，他没有僵化的观念，而是确保公司能不断适应变化的市场环境，当新的数据摆在面前时，他能够及时调整自己的决策。然而，效仿韦尔奇的做法会带来困惑和矛盾，因为在职业生涯的不同阶段，他追求的是完全不同的目标。

我无意贬低上述 3 本书。它们的畅销是有原因的：商业人士想知道是什么成就了卓越的领导者，因为他们想成为更好的领导者。每本书都提供了一个独特的视角，每个视角都极具价值。但如果带着“我应该做什么”的疑问去解决每一个商业问题，就会错过一些好的决策选项。

博西迪和查兰表明，对执行的偏好并不一定能促进正确的思考，它可能会拓展对“执行”这个概念的范围，使其包含全部商业行为，导致执行事项变得过于宽泛，执行理论变得无效。柯林斯表明，即便你十分清楚第五级领导者应该做些什么，也不存在一份行为指南，可以让你按部就班地照做。最后，韦尔奇表明，专注于领导力行为是有局限性的，因为在某种情形下有效的行为在另一种情形下可能是完全无效的。

与试图通过观察领导者的行为来学习的做法不同，我喜欢先做好执行的前站工作：思考。核心问题不在于不同的领导者会怎么做，而在于他们的认知过程是如何引发行为的。迪克·布朗和亨利·沙赫特的行为在博西迪看来可能是值得肯定的，因为他们所做的工作代表了优秀的执行力。然而，他们的思考引发的行为并不适合所在的特殊商业情景，最终导致了事业的失败并丢掉了工作。

探究整合思维者的思考方式

解密优秀的领导者如何思考，是本书的主题。为了做好这项工作，我挑选了一些优秀的领导者，他们有着毋庸置疑的成功经历。我试图在不同行业选择成功的领导者，他们既包括像杰克·韦尔奇、A. G. 雷富礼、鲍勃·扬和梅格·惠特曼（Meg Whitman）这样的商业巨星，也包括不那么有名但同样很成功的领导者，比如，伊萨多·夏普、艾默生电气公司（Emerson Electric）的查克·奈特（Chuck Knight）、爱德华·琼斯公司（Edward Jones）的约翰·巴克曼（John Bachman）和 IDEO 公司的蒂姆·布朗（Tim Brown）。我还选择了在印度跨国公司取得极大成功的 4 位首席执行官：印孚瑟斯技术有限公司（Infosys Technologies）的南丹·尼勒卡尼（Nandan Nilekani）、印度工业信贷投资银行（ICICI Bank）的 K. V. 卡马特（K. V. Kamath）、塔塔咨询服务公司的 F. C. 科利

（F. C. Kohli）和 S. 拉马多拉伊（S. Ramadorai）。我也采访了全球极具影响力的非营利机构的首席执行官，比如，世界健康研究所（Institute for One World Health，简称 IOWH）的维多利亚·黑尔（Victoria Hale）和多伦多国际电影节的皮尔斯·汉德林（Piers Handling）。在采访名单上还有设计师布鲁斯·毛（Bruce Mau）和电影制作人阿托姆·伊戈扬（Atom Egoyan）。最后，我还采访了一些学者，比如，诺贝尔奖获得者迈克尔·斯宾塞（Michael Spence）和 20 世纪最伟大的商业管理学家彼得·德鲁克。这些管理学家彻底改变了他们所在学科的学术范式，就像采访名单上的首席执行官们改变了所在行业的商业范式一样。

我的方法是要详尽探究每个领导者在面临艰难抉择时如何思考。我相信，正是在那些关键时刻，才能最清晰地看到他们的思维模式。事实上，无论是对采访对象还是对我而言，这项研究都是一个极具挑战的过程。一位采访对象说我的问题让他伤透了脑筋。我开始明白，很多采访对象实际上是以模糊或潜在的方式来思考决策的。我与他们的对话，使他们第一次认真反思自己在做出最重要的决定时是如何思考的。即便他们都是极为优秀的思考者，也并非总是会反思或厘清自己的思维过程。

对于大多数采访对象，我只采访过一次，尤其是在众多观众面前的访谈。几乎所有采访对象都允许我录像。其中有两个采访对象，我挖掘了他们的很多细节，录制时间长达约 8 小时。我之所以采访了这么长时间，是因为想知道他们的思维模式是否会在长时间的探讨过程中发生实质性的变化。但这种变化没有发生，我对他们的思维模式也有了更深刻的理解。

采访令我兴奋，但并非易事。我知道，采访对象的背景不同，以不同的方式获得了成功。我不知道当采访开始后，是否能辨识出他们思维模式的共同之处。然而，我采访得越多，就越强烈地感受到，他们的心智处理器仿佛都装备了共同的操作系统。他们都在独特的环境下使用自己的系统并产生独特的结果，但其思维过程似乎来自一个共同的程序。我发现，他们的推理模式，或者更准确地说，他们的认知模式正好就是我所谓的“整合思维”。它有一系列的确认步骤，有连贯一致的目标，能够被清晰地理解并被实际应用。

当然，很重要的一点是，并非所有成功的商业领导者都擅长整合思维。它只是一种共同特质，但并非每个人都具备。有些采访对象的思维模式就与整合思维不同。我坦承没有搞清楚某些领导者是如何思考的，或者他们的思维模式是如何助其获得成功的。因此，我承认，整合思维并非成功的必要条件。成功是由很多因素促成的。然而，尽管有这些局限，整合思维仍是我在采访对象身上发现的最具共性的特质。

整合思维是可以习得的

整合思维能力是少数人先天具备的天赋，还是可以有意识、有方法地后天培养的能力？开篇引用的菲茨杰拉德的名言暗示，整合思维是一种天生的能力，只适用于那些拥有一流智力的人。相反，钱伯林以明确的发展观认为，整合思维是一种技能和实践，普通人也能培养这种能力。在钱伯林看来，整合思维就在那里，等待着人们去运用。人们通过利用整合思维，能培养通过提出整合方案来解决难题的能力：

> 使用这种方法可以形成某种特别的思维习惯，这种习惯是值得传承下去的，因为作为教育的一个因素，它的学术价值是很明显的。如果人们可以多年坚持，就能培养出与这种方法相应的思考习惯，即所谓的平行思维或复杂思维，而不是简单、连续的线性思维。思维过程是很复杂的，而且心智似乎具备同时拥有不同观点的能力。不同的现象既可以用分析的方法理解，也可以用综合的方法理解。[13]

整合思维能力是不可教授的，还是说它可以教授，只是学生很难学会？它是像菲茨杰拉德说的那样，是一种纯粹的智力表现，还是像钱伯林认为的，是一种需要反复练习的技能和实践？

我的课堂经验表明，但并不能证明，我们可以教学生运用整合思维，学生也会通过练习变得熟能生巧和更加自信。但很显然，整合思维不是教出来的。这个世界能教出大脑外科医生或者电脑工程师，但不能教出整合思维者。整合思维在很大程度上是人们脑海中的一种隐形技能，这种技能是有意或无意培养整合思维的结果。很多人似乎并不知道自己是如何思考的，或者不知道整合思维与日常思维有什么区别。他们只是在运用整合思维，但局外人可以观察、描述和分析他们的思考过程。通过这种有意识的、系统的研究，讲授思维过程的方法就逐渐成形了。

接下来，我将开始探讨整合思维。首先，我将在第 1 章把整合思维过程分解成 4 个阶段：重要因素、因果关系、架构和解决方案。然后，我将在第 2 章表明，整合思维者从现实中识别出规律的能力有多么重要，这将有利于他们应用 4 个阶段来提出解决方案。接着，我将在第 3 章阐述简单化和专业化如何让整合思维变得更困难，并描述这两种力量是如何相互冲突的。随后，我会在第 4 章为构建整合思维能力引入一种框架。最后，我将分别在第 5 章、第 6 章和第 7 章描述如何具备该框架 3 个组成要素中的每一个要素——立场、工具和经验，以及如何讲授每一种要素。

第一部分 整合思维的三大特点

THE OPPOSABLE MIND

HOW SUCCESSFUL LEADERS WIN THROUGH INTEGRATIVE THINKING

THE OPPOSABLE MIND

The Opposable
Mind

How Successful
Leaders
Win Through
Integrative Thinking

01

特点一，绝不退而求其次

如果还有别的选择，那么我们就不可能取得胜利。每个人都有其他选择，这是世界运行的方式。你可以在不同选项中进行取舍，但不可能因此在行业中做到最好。如果你总是在做选择题，那么就不会获得成功。[1]

——A.G. 雷富礼

整合思维者是如何思考的呢？他们是如何考量不同选项，提出新的解决方案，而不是从现有选项中做出选择的？为了回答这些问题，先来看看做决策的过程。我们很少意识到自己做决策的思维过程，但当做决策时，都存在一定的思维过程，无论这一过程是否属于整合思维。也就是说，并不是思维过程，而是做决策的思维方式将整合思维者和非整合思维者区分开来。但在我们理解整合思维者的思维方式之前，需要先了解做决策的过程。

决策过程的 4 个阶段

假设你正在做暑假计划。在与爱人多次设想和讨论之后，你淘汰了很多选项，最终只剩下 3 个方案：骑自行车环游意大利的托斯卡纳，去柬埔寨探索古代庙宇，去夏威夷看鲸鱼。你和爱人认为这 3 个方案都很好，然后相互会问如下一些问题：

- 每个方案分别需要花多少钱？
- 还有哪些类型的酒店可供选择？
- 当地有哪些旅游胜地？能找到专业的导游吗？
- 哪个目的地最有异域风情，很可能会带来最不寻常的体验？
- 能从这次旅行中学到新东西吗？
- 每个目的地的社会治安如何？
- 相比在目的地的游览时间，在路上会花多少时间？

以上这些问题都是你和爱人认为与最终决定相关的重要信息，或者说，是对你们的决策具有重要影响的因素。其他因素则对你们不相关或不重要，或者说，你们认为那些因素不相关，所以它们在决策过程中不重要。比如，当规划行程时，也许没有考虑到可能在旅途中遇到哪些类型的人。你并非有意忽略这些重要的因素，只是在规划时没有想到它们，但忽略这些因素可能让你感到后悔，因为后来你可能与一伙酗酒的人以及一个极其吵闹的家庭坐在同一辆旅行大巴上。重要因素因人而异，是个性化的。我认为重要的因素，也许在你看来是完全不重要的。我们都有盲点，因此很可能在思考过程中遗漏一些重要因素。“我希望能很快想到那个因素”，意味着“我希望在思考问题时那个因素对我很重要”。

在选择了重要因素后，无论我们的考虑有多么不周全，接下来就要思考这些因素之间具有怎样的关系。我们把这种关系构成的模式称为“因果关系”。长途旅行的成本会比短途旅行更低吗？也就是，旅程长度与其成本是否具有因果关系？具有异域风情的地方会不会不安全？旅伴会丰富我的体验，还是会让我后悔与他同行？从根本上讲，我们在脑海中画了一幅小地图，图中显示了各种重要因素是如何相互影响的，也就是说，它们具有怎样的因果关系。在给定的情况下，因果地图会在展现一系列因果关系方面发挥作用。

在脑海中形成由重要因素构成的因果地图之后，就要开始思考决策的架构了。在简单的决策中，架构是很简单的，因为决策只需要二选一：“我今晚应该去看刚上映的大片，还是待在家里看电视？”对于旅行新手而言，度假决策有很多组成部分：旅行、住宿和活动。我们可能会对自己说：“在考虑酒店、航班安排和费用之前，应先考虑每个目的地有哪些游览项目。”或者，可能会想：“在思考到达目的地后可以开展哪些活动之前，应盘算到达目的地的成本和航班安排。”不管哪种思考顺序都是可以的。你可能还会进行分工，让爱人寻找目的地的游览项目，自己则查看航班安排和酒店。

一项决策可以有不同的选择，没有哪一种选择是绝对正确或绝对错误的。但你和爱人可能不会在分析这些决策因素的过程中一直想着整个度假规划。让大脑一直处于思考整个规划的状态是一件很耗心力的事情。因此，有可能你只关注个别的决策要素，这会减轻大脑负担，但也可能致使你错失半天的游览项目，因为你选择了最早、最便宜的航班飞回家。时间较晚但只是稍微贵一点的航班则让你多出几小时去参观一处葡萄园，或者参观另一座寺庙，或者参观鲸鱼博物馆，但因为你只关注了其中一个要素——价格，所以忽略了决策选择对于整个度假体验的影响。

最终你做出了决定：要么骑自行车环游托斯卡纳，要么去柬埔寨探索，要么去夏威夷。或者，可能这 3 个选项都令你不满意：航班不方便，住宿条件较差，游览项目已经被预订一空。于是，开始重新进行选择。图 1-1 生动地反映了思维过程。需要注意的是，它允许放弃先前的选择，重新评估新的选择，这就是为什么图中的虚线箭头从后向前依次返回。

整合思维 THE OPPOSABLE MIND

无论做出什么决定，我们都会考虑重要因素；在不同因素间构建因果关系；将那些因果关系嵌入架构中，以产生具体的决策结果；最终提出可行的问题解决方案。如果决策的重要因素、因果关系和架构不同，我们就会得到不同的解决方案。

既然我们已经把决策过程分解成了 4 个阶段，那么现在来探讨本章开头提的问题：整合思维者是如何思考的？为了回答这个问题，来观察一下整合思维者做商业决策的过程。

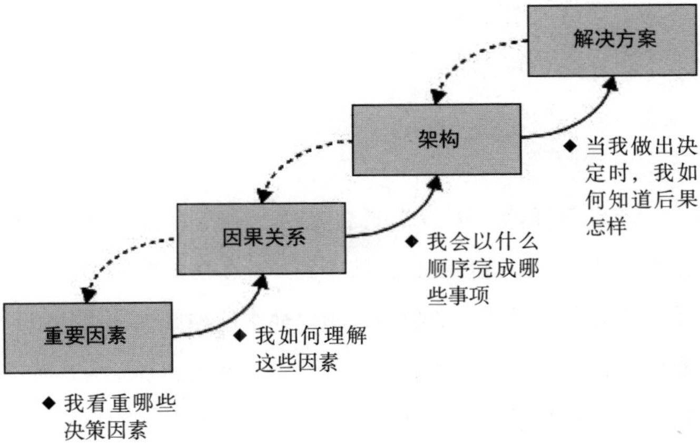

图 1-1 思考和决策的过程

整合思维者的决策过程

伊萨多·夏普的父母是波兰裔，家里有 4 个孩子。1931 年，父母在他出生之前移居多伦多。[2] 父亲是一名泥水匠，后来成了建筑商。伊萨多·夏普在高中时是一名体育健将，大家都叫他“酷炫伊萨”，与此同时，他还是父亲在工作上的得力帮手。

大学毕业后，伊萨多·夏普在父亲的建筑公司工作过一段时间。他为客户建造了一家小型汽车旅馆，由此有了抱负，想要建造和运营属于自己的旅馆。6 年后，夏普在被银行和开发商多次拒绝之后，最终从朋友和家人那里募集到了资金。1961 年，只有 125 个房间的四季汽车旅馆在多伦多市中心外一个偏远的地方开张了。每间标准间每晚的费用为 12 加元[①]。[3]

当夏普开始考虑进军酒店业时，他作为行业新人面临两个选择。一个选择是，建造不到 200 个房间的小型汽车旅馆，为客户提供相应的酒店设施。通常这种旅馆的房间里只有电视，大堂过道有小冰柜，大厅里有酒吧和餐厅。这种旅馆的资本回报适中，但每间房的运营成本较低。四季汽车旅馆采用了这种模式。由于拥有温暖而温馨的环境，有着良好的服务与颇受欢迎的餐厅与酒吧，夏普的旅馆成了备受当地商务人士青睐的喝酒放松的地方。

与实用的小型汽车旅馆不同的另一种选择是，在中央商务区建造和经营适合商旅人士的大型酒店。这类酒店通常至少有 750 个房间和更多的酒店设施，比如，会议室、多个餐厅和宴会大厅，以及健身中心、商务中心和远程会议设施。

① 1 加元 =5.1089 人民币，2019 年 6 月。——编者注

夏普的第 4 家酒店就满足了这些标准，它是一家位于中央商务区、拥有 600 个房间的传统酒店，里面有诸多便利设施，还包括一个大型的购物商场。跟夏普的第一家旅馆一样，这家酒店也很受欢迎，利润很高。

每种类型的酒店都各有优点和缺点。小型旅馆虽然舒适而私密，但不是商旅人士的选择，因为他们需要用会议室或者最先进的通信设备。大型酒店能产生足够多的利润来提供顾客所需的设施，但缺乏温馨感和个性，顾客很容易觉得自己是酒店可有可无的消费者。

1972 年，在第 4 家酒店——四季喜来登酒店开张之后，夏普开始考虑下一步行动。他喜欢小型而舒适的四季汽车旅馆，但也意识到这种旅馆无法产生足够的利润来持续接待目标客户，也就是商旅人士。夏普和顾客喜欢四季喜来登酒店用自身创造的现金流提供的各种设施，但它巨大的体量让顾客没有宾至如归的感觉。

夏普没有选择现有的主流酒店模式，也没有接受每种模式的缺陷，而是运用整合思维，反复思考不同的酒店模式，最终提出了一种创新性解决方案。夏普告诉我，他找到了“将小型旅馆的优势和大型酒店的优势结合起来”的办法，就是建造一种中型酒店。这种酒店的空间足够大，可以容纳很多便利设施，同时比标准的大型酒店小，能提供温馨而个性化的服务。

夏普其实已经有了这样一家酒店。他的第 3 家酒店——伦敦公园酒店（现在的四季酒店），就是在局促的空间中修建起来的。这家酒店只有 220 个标准间和套房，比通常的大型酒店小，但夏普意识到，这种中等的规模能为顾客带来温馨、奢华和舒适的体验。

虽然夏普和顾客都对伦敦公园酒店的规模很满意，但它似乎有难以克服的缺陷。如果按照竞争对手的标准来收费，那么酒店的经营利润就很微薄，因为与高档酒店相比，同样的设施的成本只能分摊在较少的房间数量上。但夏普没有被传统酒店业的经营规律限制思考。他推断，如果四季酒店能比竞争对手提供更独特、更好的服务，就能设定更高的价格，从而将单房收入提高到足以覆盖先进酒店设施的水平。夏普明白，在向顾客收取更高价格之前，四季酒店必须要为顾客提供完全不同的服务，才能支撑更高的价格。

阶段 1，选择重要因素

完全不同的服务在感受和体验上是什么样子的呢？回答这个问题意味着思维方式要跟普通的酒店经营者不一样。这种思维差异首先体现在如何超越传统酒店业看重的因素。像其他酒店经营者一样，夏普考虑了诸如地段、员工能力、房间大小和装修风格，但并没有止步于此，而是询问顾客的意见。大多数顾客是经常出差的企业管理者，夏普询问他们在选择酒店房间时最看重什么因素。竞争对手认为，商旅人士希望得到良好的服务。但夏普的看法更为精细和人性化。他知道，大多数顾客出差次数太多，因此最想得到的体验就是有一种待在家里或办公室里的感觉，并不喜欢奢华和刻板。夏普说：

> 我们研究、调查和倾听顾客的建议。多数顾客是企业管理者，通常来去匆匆，需要高效地处理公务。传统酒店的奢华只是体现在建筑外观和装饰上。我们决定重新定义奢华，那就是在服务上做到奢华，为离开家和办公室的商旅人士提供宾至如归的服务。

通过复制居家体验，四季酒店成为第一家提供洗发水、24 小时房间服务、浴袍、化妆镜、吹风机、夜间擦鞋服务、干洗服务和商务服务的酒店。为了使客人有一种犹如在办公室般的体验，四季酒店成为第一家在每间客房都安装了双线电话以及宽大而光线明亮的办公桌的酒店。四季酒店还是第一个提供 24 小时秘书服务的酒店。虽然后来竞争对手效仿了这些服务，但那时四季酒店已经建立起良好声誉，竞争对手根本无法超越四季酒店，因为它们想不到为顾客提供这些服务。

在夏普看来，还有一个重要的考量因素，那就是每家新的四季酒店所在地的酒店市场业态。行业的传统做法是设定相对固定的全方位的服务标准，这种做法会让运营变得更简单，也更容易维持独特的品牌形象。

然而，夏普拒绝了传统的标准化做法。多伦多不同于芝加哥、纽约或巴黎。为了成为当地的标杆酒店，每座城市的四季酒店都要考虑夏普所说的“当地色彩和文化”。它的品质标准将取决于当地情况，哪怕满足当地标准会带来更复杂的管理问题。

结果表明，在管理上付出额外的努力是很值得的。通过将当地的市场业态和标准纳入考量范畴，四季酒店很少在价格和品质上大幅高于或低于当地的竞争者。巴黎的乔治五世四季酒店被行业最权威的 Zagat 网站评为全球最佳酒店。因为夏普和高管团队让酒店体现了典型的巴黎式奢华，而不是不顾当地特色，采用四季酒店的传统装修标准。

与竞争者不同，夏普还意识到酒店股东结构的重要性。在竞争对手看来，投资和经营酒店是密不可分的。但夏普从经验中学到，股东参与经营既有优势，也有缺陷。股东更看重投资回报，因此很在意当地房产价格的波动，而这会分散高管团队宝贵的精力。为了克服这个缺陷，四季酒店成为第一家大型酒店管理集团，而不是酒店投资集团，它通过品牌和管理输出的方式来经营酒店。各个投资集团是所有四季酒店的拥有者，而四季酒店管理集团则拥有长期管理权。正如四季酒店在客房引入了便利设施之后竞争对手争相效仿，在夏普将管理权和所有权分离之后，有些竞争对手也开始效仿。但夏普总是第一个想到这些好主意的人，因为他看重的因素恰恰是行业竞争对手所忽略的。

阶段 2，发现重要因素间的因果关系

为了让四季酒店拥有独特的品牌形象，夏普除了要考虑决策的重要因素，还需要做得更多。他还必须在竞争者忽略的重要因素中发现因果关系。

某些因果关系对酒店从业者来说是很明显的，比如，客房入住率与利润是正相关的，客房收入与食物和饮料收入也是正相关的。但夏普看到了竞争者没有发现的更微妙的因果关系。

在酒店规模和设施水平之间，夏普看到了更复杂的因果关系。基于标准间定价和入住率，传统观点认为，一家提供全方位服务的商旅酒店应该至少拥有 750 个房间，才能产生足够的收入来覆盖商旅人士需要的各种设施。但关于规模与

利润之间的关系，夏普的观点则稍有不同。他认为，如果有理由让顾客为每晚的房间支付更高的价格，就至少能提供和竞争对手差不多的便利设施。

有哪些充分的理由能让顾客支付更高的价格呢？服务要不同于其他酒店，不仅是在程度上不同，还要在内容上不同。但如何才能实现那样的服务呢？夏普在酒店对待员工和员工对待顾客的方式之间发现了因果关系，并把处理好这种关系当作四季酒店品牌的基石。

传统酒店管理者并不重视员工，导致员工流失率非常高。员工薪酬是最大的成本变量，一旦经济萧条，管理者首先想到的就是降薪。大多数酒店员工对自己的看法与管理者对他们的看法一样：短期的、可替代的。今天还在工作，明天就有可能被开除。

尽管管理者与员工双方都缺乏忠诚度或共同目标感，但大多数员工还是能够做到照章工作。因为员工的饭碗能否保住取决于是否遵守酒店的纪律和标准。所以，管理者和员工理解的因果关系就是，好的服务取决于是否执行了与环境无关的固定标准。这就解释了为什么很多酒店员工只提供机械式的服务。此外，优质服务本身并不是目的，而是为了长期保住工作的手段。

然而，夏普在如何激励和管理员工方面有不同的看法。他在受到雇主尊重的员工和受到员工尊重的顾客之间发现了直接的因果关系。他告诉我：“员工只相信他们看到的，如果我们表现出更关心利润、声誉、份额，而不是顾客和员工，他们就不会相信我们的价值观，也不会全身心投入。”

在对待员工方面，四季酒店开始采取与竞争对手完全不同的做法。为了让员工有归属感，也有收入的安全感，在经济下行时期，四季酒店比同行做得更好，也为员工提供了更多的培训机会。它鼓励从内部提拔管理人才，而不是从外部空降。根据夏普的说法，四季酒店的不同做法在于：“招聘员工时更看重态度而不是经验；为员工建立职业发展通道和内部提升通道；像重视顾客的抱怨一样重视员工的抱怨；每当升级酒店时，也升级员工设施；不专门开辟员工餐厅和员工停车位；将责任传递到员工身上，鼓励员工自律；设定高标准，让员工具备责任感；当然，最重要的是，要遵守我们的价值观，建立信任感。”

夏普的管理方式让员工产生了极大的信任感，也让四季酒店成为行业最佳雇主。当纽约四季酒店在 1994 年开业时，有 3 000 多人申请 400 个职位。[4] 就在写作本书时，四季酒店入选了《财富》杂志的“百大最佳雇主”榜单。这一评选是从 1998 年开始的，每年评一次。[5]

阶段 3，思考决策架构

在设计四季酒店的竞争策略时，夏普并不是依序进行思考的，也没有以这种方式为不同的职能部门设计竞争策略。与先确定酒店规模、再建立服务标准、然后设定人力资源政策的做法不同，夏普脑海中的思维框架是固定的、清晰的和整体的，他会用这一框架分别处理不同的情况。

所有的四季酒店都必须贯彻一种组织原则，即夏普所谓的“价值观”。在四季酒店的每个人都要遵守“黄金法则：对待他人的方式，包括合作伙伴、客人、同事、每个员工，要跟我们希望他人对待我们的方式一样”。这当然不是一个新鲜的原则，全世界无数的父母就是这样教育无数的小孩的。当然，肯定有不同的效果。新奇之处在于，夏普将这一原则作为高档酒店的基本管理原则。

然而，黄金法则不仅是管理原则，还将四季酒店战略决策的所有要素联系在一起。四季酒店的高管得到了夏普的尊重和无微不至的关怀，然后就会像夏普对待他们一样去对待下属员工，而员工也会以同样的态度对待顾客。酒店运营的每个环节都执行了基于卓越服务的战略思想。

很多公司只是口头上强调人才是最重要的资源，但毫无疑问，夏普说到做到。他告诉我："我们的不同之处在于，的确执行了这一理念。如果高级管理者只说不做，很快就会被解雇。这是一个痛苦的过程，也给我造成了很大的压力，也许这是我做过的最困难的事情。然而，破坏管理者信誉的最快方式就是，嘴上说员工至上，可实际上员工却最不受待见。如果不去真正执行某个价值观，那就最好不要宣扬这种价值观。"

为了确保整体运营理念专注于为顾客提供卓越的服务，夏普提出了一个最终的关键原则：四季酒店不设置客户服务部门。与让某个专门的部门来承担客户服务工作的做法不同，四季酒店的每个员工不仅是客户服务部门的一员，还要对客户服务质量负责。

阶段 4，提出最终解决方案

夏普提出的解决方案既结合了两种传统主流模式的优点，又超越了传统模式，为其他酒店经营者提供了参考。这个方案产生了一套可以强化各种行为的系统，反过来，每一种行为适应并强化了该系统，从而超越了行业的主流模式（见图 1-2）。[6]

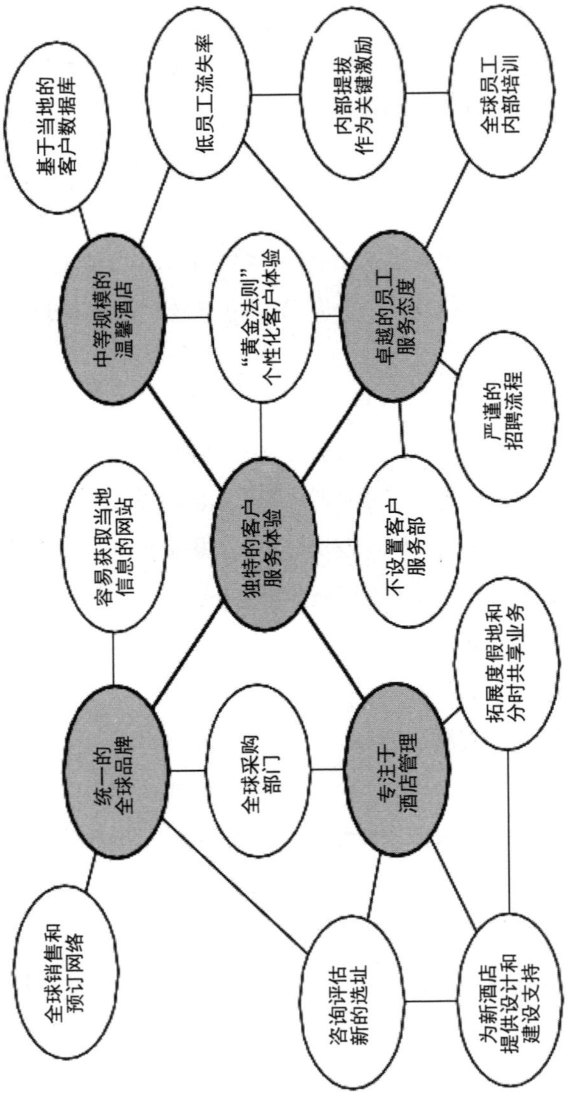

图 1-2 四季酒店行为系统

夏普打造了一种清晰的服务形象和声誉：四季酒店的品牌将成为比钢筋水泥更值钱的资产。事实证明一切。目前，四季酒店在 31 个国家和地区拥有 73 家酒店，还有 25 家酒店正在修建中。四季酒店的规模比第二大奢华酒店丽思卡尔顿酒店（Ritz-Carlton）大得多，后者在全球只有 59 家酒店。在《悦游》杂志（*Condé Nast Traveler*）评选的全球百佳酒店中，有 18 家四季酒店入选，数量比第二名的酒店品牌高出 3 倍。调研咨询机构君迪公司（J. D. Power and Associates）将四季酒店评为奢华酒店第一名。Zagat 网站将四季酒店评为美国最佳酒店连锁企业。全球各个国家和城市纷纷派代表与夏普联系，请求他前往当地开酒店，因为如果一座城市拥有四季酒店，就意味着该城市属于全球旅行者的目的地。

夏普在奢华酒店业取得的成功无异于开创了一种新的模式，但他说，只不过是运用了经验和实践知识。然而，在酒店业中也有很多人跟他一样有多年的从业经验，也有丰富的行业知识，但只有他提出了四季酒店商业模式。我认为，夏普与其他经验丰富的从业者之间的主要差异在于，他喜欢深入而广泛地思考各种重要因素，挖掘更复杂的因果关系，而且将面临的决策或问题视为一个整体来考虑。夏普的思维模式中的 3 种因素帮助他开辟了一条新路，而不是在既有选项中做选择。

通过考察夏普的决策过程，我们可以辨识出整合思维者和传统思维者在心智模式方面的差异。接下来，我将探讨这些差异。为了便于讨论，我提出了整合思维者和传统思维者的二分法，尽管更准确的区分方式应该是整合思维能力的水平，比如，从具备绝对的整合思维能力到完全不具备整合思维能力。在讨论过程中，我无意贬低传统思维者，只是为了表明他们与整合思维者之间的差异。

整合思维各阶段的特点

第一，整合思维者会广泛思考各种重要的决策因素。夏普的取胜策略很重要的一点是，他不仅考虑了顾客明确提出的各种需求，还考虑了顾客没有提出但深藏于心的需求，即希望在酒店拥有一种居家或在办公室的感受。由于考虑到了这种潜在需求，夏普就将竞争对手没能想到的重要因素纳入了考量范畴，而竞争对手根本不知道顾客还有这种需求。其他奢华酒店将洗发水放进洗澡间，不是因为它们了解顾客的深层需求，而是因为四季酒店已经这么做了，而且效果很好。

更多的重要因素会让问题变得更复杂，但整合思维者并不介意这种复杂。事实上，他们欢迎复杂性，因为混乱局面让他们确信自己没有在从整体思考问题时忽略了必要的因素。他们欢迎复杂性，还因为知道最佳方案往往来自复杂性。他们相信自己不会迷失前进的方向，而是会从另一个角度想出更明确的解决方案。

第二，整合思维者并不回避考虑各种维度的非线性的因果关系。大脑更容易理解简单、线性的关系，但这不会产生令人满意的方案。所以，不要简单地认为“竞争对手的价格战会伤害我们的利益”，整合思维者会认为“我们的新产品的确让竞争对手感受到了威胁。现在他们开始打价格战，我们的利润率将受到影响”。对于酒店规模和利润率之间的关系，夏普比同行想得更深、更透彻。行业中大多数人都认为，覆盖酒店设施的成本必定有房间数量的下限，在这个下限之上，酒店能创造可接受的利润，利润规模与房间数量正相关。夏普则看到了更复杂、更微妙的因果关系，他意识到了房间数量与顾客对舒适和温馨体验之间的负相关性。换句话说，增加客房数量有利也有弊，而竞争对手只看到了有利的一面。

夏普还看到了服务质量与员工对雇主的看法之间复杂的因果关系。酒店业的传统思维者相信，服务质量取决于对员工与顾客互动的严密监控，而夏普则看到了非常不同、非线性的关系。员工如果对四季酒店有家一般的归属感，那么根据黄金法则，他们就会有动力为顾客提供超越平均水准的服务。没有归属感的员工不会也不可能去做超出服务手册要求的工作。

第三，整合思维者不会把一个问题分解成独立的子问题，然后各个击破。他们会始终把问题看作整体，同时思考如何处理各个子问题。整合思维者希望避免掉入一种陷阱：在考虑生产成本之前就设计出一个产品。因此，他们在设计产品时会同时考虑生产方面的问题。夏普像运用黄金法则一样运用核心组织原则。该原则涉及战略的每个方面，证明了他既能坚持从整体看待问题，又能处理好各个子问题。事实上，夏普把黄金法则视为所有四季酒店管理工作的基础，以及一种根本的决策依据，因为它“有助于做出其他的重要决策”。

正如整合思维者对重要性和因果关系的看法，在设计解决方案时，他们也不会对复杂性反感。复杂性带来了受整合思维者欢迎的认知挑战，因为他们知道，复杂性在决策过程中有助于提出突破性的解决方案。

第四，整合思维者总是在冲突中寻求创造性解决方案，而不是接受不尽如人意的既有选项。与这种寻求有关的行为，比如，延迟做出决定、让团队重新深入审视问题、在最后一刻提出各种新的选项，在外人看来似乎是优柔寡断的，但往往最好的选项来自不接受既有选项的整合思维者。夏普希望将“小旅馆和大酒店的优势”结合起来，而不想牺牲一种模式，接受另一种模式，他对这两种模式中的任何一种都不满意。唯一能实现目标的方式就是创造一种全新的模式。图 1-3 展示了整合思维者的特征。

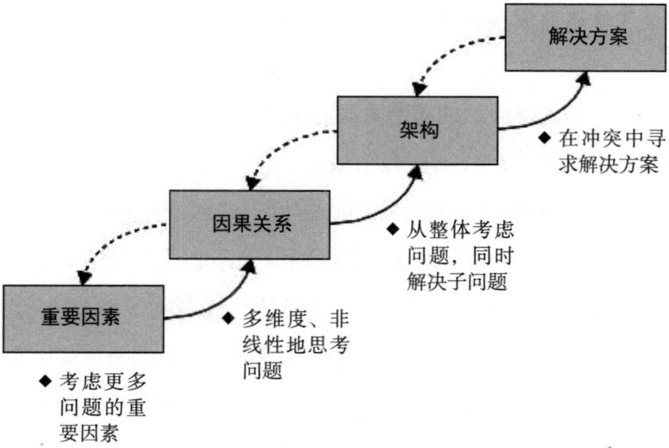

图 1-3 整合思维者的特征

勉强“二选一”，不如创造新想法

大多数管理决策的思维方式都与整合思维的 4 个阶段不同。在重要因素方面，传统思维通过尽可能放弃诸多决策因素或者甚至不考虑这些因素，使决策过程变得更简单。组织架构和文化通常鼓励通过促进专业化来简化决策过程。关于哪些因素很重要，每个职能部门都有自己的狭隘看法。直到如今，财务部门从来不重视情绪因素，关注组织行为的部门也很少将数字或财务问题当作重要因素。这些部门的员工只好忽略某些重要因素，只需满足本部门需要具备的因素即可。结果，部门专业化导致员工只关注很多局部问题，而不是从整体上关注各种问题。

当对重要因素的判断失误时，我们通常能意识到这种失误。当决策没有收到良好结果时，我们会对自己说，“我本应该更好地了解欧洲运营中心的员工如何理解备忘录的内容”，或者“我本应该在确定新的分销中心地址之前，就了解到州政府会在新址修路”。这就是承认误判了重要因素。我们不仅会在事后发现误判了重要因素，而且甚至事前完全不知道存在哪些重要因素。这并不是偶然现象。复杂组织的部门结构决定了在我们身处的环境中，有很多重要因素是在本职工作或部门职能的范围之外的。因此，我们通常不会想到那些重要因素。

传统思维者还倾向于采用狭隘而简单的因果观。最简单的一种因果观就是从属变量和独立变量之间的线性因果关系。线性回归是商业领域最喜欢使用的工具，从而在不同变量之间建立关系。当然，其他工具也很有效，但多数管理者会回避它们，因为思考维度单一的因果关系会更轻松。上司是不是经常斥责你把某个问题搞得不必要的复杂？你抗议说，自己不是想把事情搞复杂，只是想呈现问题本身的复杂性。上司却说，做好自己的工作就行了。这句话的意思是，你要把复杂的因果关系转化为线性关系，比如，更多的 A 造成了更多的 B。

当决策结果不佳时，有时这是因为我们把重要因素之间的因果关系搞错了。有可能是判断对了因果关系的方向，但判断错了结果的量级："我原以为随着规模的扩大成本会下降得更快。"或者完全判断错了因果关系的方向："我原以为聘用了一些管理咨询师后，客户服务水平就会提升，但实际上反而下降了，因为经验丰富的咨询师必须花大量时间去培训新的咨询师并纠正新手们的错误。"

至于架构，传统思维者最常见的错误就是不习惯从整体看问题、做决策。针对公司的不同职能部门提出单独的解决方案是一件更容易的事情，但这么做会导致没有人从整体层面思考具体问题。由于缺乏大局观，最后的结果就会很一般。如果夏普将营销、客户服务、酒店运营和人力资源问题分派给 4 个不同的执行副总裁来解决，那么会出现什么情况？他们会把各自提供的方案合在一起，形成四季酒店的总体战略，但这一战略是夏普想要的战略吗？当然不是！

关于最终的解决方案，传统思维者倾向于在不尽如人意的选项中进行二选一，而且对此几乎没有任何怨言。真的没有其他选择吗？当决策者不得不做出决定时，他们就错过了在既有选项中寻找新颖方案的机会。因此，传统思维者不会拒绝不尽如人意的选项，而是会耸耸肩反问道："难道我们还有别的选择吗？"事实上，他们本可以更深入地思考，比如以完全不同的方式决策，拥抱复杂性、多维度思考因果关系、从大局出发，而不是将问题分割开来思考。

图 1-4 总结了整合思维和传统思维的差异。这两种思维模式是完全不同的，其结果也完全不同。整合思维产生了新的可能性、新的方案和新的想法，创造了无限可能。传统思维则将潜在的解决方案隐藏起来，让人产生一种幻觉，认为创造性的方案是不存在的。但如果具备整合思维，那么灵感就会随着时间的推移而不断涌现。传统思维是一个自我强化的过程，认为生活只能接受没有吸引力的、不尽如人意的选项，从而抑制了灵感。从根本上讲，传统思维者喜欢接受一个固定不变的世界；而整合思维者则喜欢迎接挑战，从而塑造一个更美好的世界。

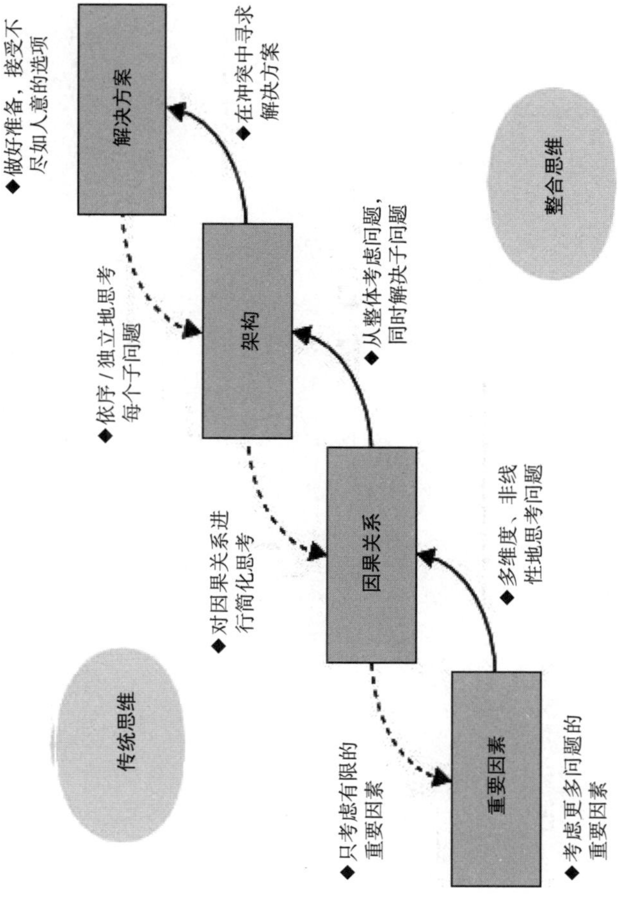

图 1-4 整合思维 vs. 传统思维

02

特点二，保持开放的观念

现实只是一种幻觉，尽管是一种相当顽固的幻觉。

——阿尔伯特·爱因斯坦

如果整合思维是一种如此有效的思维方式，那么为什么人们不能一直使用这种整合思维呢？宝洁公司 CNV 事业群负责人克雷格·温内特（Craig Wynett）用了一个很恰当的比喻来回答这个问题：整合思维嘲讽了我们天生的“缺省设置”。[1] 就像汽车的启动时间、电脑的屏幕亮度、洗衣机的旋转频率，人的大脑也天生设定了具体模式和运行速度。“缺省设置”很少会被调整变动，即使想要调整设置，很多人也不知道该如何调整，于是很多人的录像机就总是显示“上午 12 点”。但如果知道如何调整设置，那么人的大脑的设置就跟汽车启动时间、屏幕亮度和洗衣机旋转频率的设置一样，都是可以调整的。

现实模型不等于现实本身

大脑天生的设置倾向于认为，我们对现实的认知等同于现实本身。这种看法使得整合思维还没被启用，人们就抑制了其潜在的力量。为了理解这种情况是如何发生的，让我们看看我们的思维是如何处理每天面临的各种海量信息的。

我们每天都遨游在信息的海洋中而没有溺亡，这是因为我们天生就有对信息赋予意义的能力。但赋予意义的代价就是大量信息被忽略。我们过滤了很多感知到的信息，而且将留下来的信息整合进了自己的故事并赋予其意义。同时，我们也不能保证自己在编撰连贯的故事时不会过滤掉有价值的信息。认知心理学家乔丹·彼得森（Jordan Peterson）说：“一个房间里摆放着很多东西，然而当你进入房间处理这些信息时，只能看到想看到的事物。你不知道的事情和不知道如何使用的工具实在是太多了。”[2]

闭上眼睛，想象现在所处的房间。你不会看见房间里的所有细节，只是看到了一个简化的房间模型，这个模型是大脑粗略绘制的。模型是你对现实世界的个性化理解。

我们会过滤很多充斥在周围的信息，一部分原因是我们要保护大脑。丘脑是大脑的一部分，进入大脑的信息会在那里整合。如果它无法正常运转，那么“大量的感官信息就将涌进大脑”。彼得森说：“这是一件非常可怕的事情，可能是人们患精神分裂症的一个原因。太多的信息涌进大脑，身体无法处理它们，人们的思维系统就坏掉了，概念系统也开始碎片化。这简直太糟糕了！”

将简化后的现实模型与复杂的现实本身混淆并不是一件好事。有一个例子，可以说明过滤信息的能力是如何帮助我们理解世界的，同时又是如何让我们的认知产生困惑和冲突的。

公司罗生门

萨利和比尔是一家公司的两个副总裁，我们姑且把该公司称为“视觉科技公司”。跟很多人一样，萨利和比尔需要整合得到的各种信息，他们也跟很多人一样，错误地相信自己的看法与现实是完全吻合的。[3]

萨利和比尔刚刚拜访了一位重要的客户。在拜访中，客户说：“我真的很喜欢视觉科技公司，长期以来它都是行业的创新引领者。但目前我的成本压力增大了，不得不开始考虑是否有更好的产品选择。”

这是一句口头陈述，是客观的现实，有录音记录，由没有参会的工作人员把它转成了文字。当我们无意识地从现实中获取信息时，大脑设置就开始运转并将这一重要信息建构为一个连贯的故事。萨利重点关注了客户说的前两句话：“我真的很喜欢视觉科技公司，长期以来它都是行业的创新引领者。”她忽略了余下的话：“但目前我的成本压力增大了，不得不开始考虑是否有更好的产品选择。”萨利的记忆是准确的，记得客户说话的顺序，但由于她没有意识到客户后半部分的话很重要，这些话就没有进入心智模式。

当试图理解隐含在客户话中的因果关系时，萨利的现实模型就开始与客观现实出现不一致了。萨利认为，客户真诚地告诉她和比尔，他对视觉科技的领导力和创新力有着很高的评价。

但用词有什么不同吗？“喜欢”视觉科技被“高度评价”视觉科技公司的领导力和创新力取代了。但“喜欢”和“高度评价”的意思不同。客户也许会喜欢很多事物，但他们只为喜欢的少数事物买单，也就是为高度评价的事物买单。通过将“喜欢”改成“高度评价”，萨利强化了一种因果关系——这个客户会买行业领头人的账，但这并不是客户的原话。然后，萨利就把处理过的新信息整合进经验，形成了自己的故事，而且认为这个故事是真实的。她的结论是：客户高度评价视觉科技公司的领先地位和创新力。反过来，这一结论得出了一般性的因果关系：如果我们能做到持续创新和引领行业，客户就会一直跟随我们。最后，萨利基于她认为客户最看重的因素和自己的现实模型来为视觉科技公司做了规划：“创新力和领导力是最重要的追求目标。”

萨利提供的解决方案是基于她的心智建构，而不是客观现实。她使用了自己认为很重要的真实信息然后添加了一层层的因果理解，为视觉科技公司做出战略规划，明确了应该做什么、不应该做什么，从而符合她认为的客户对视觉科技公司的聚焦点（见图 2-1）。

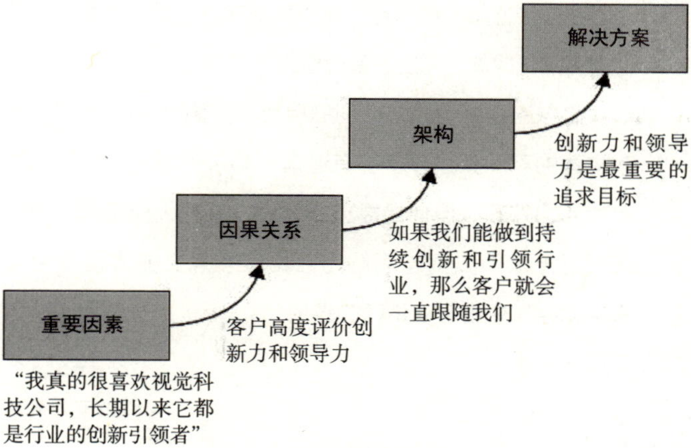

图 2-1　萨利的思维过程

萨利之所以有这种思维方式，是因为其大脑的缺省设置。但这些设置并不是标准设置，我们不可能对同样的信息形成同样的理解。萨利的同事比尔也听到了客户的表态，但有着完全不同的理解。他认为客户说的最重要的一句话是：“但目前我的成本压力增大了，不得不开始考虑是否有更好的产品选择。”

从这一重要的现实因素出发，比尔的思维模式走上了完全不同的方向。他推测，出于成本压力，客户将考虑是否继续使用视觉科技公司的产品。因此，比尔得出的结论是：

“客户感受到了很大的成本压力。”接着，进一步得出如下结论：由于我们的定价较高，客户将放弃合作。正如萨利所做的，比尔依次按照思维过程，为视觉科技公司如何行动提出了最终解决方案，而这也是基于他对客户话语的理解：我们必须要降低成本，才能具备价格竞争力。

比尔的思维模式与萨利的相反（见图 2-2）。萨利和比尔构建的不同叙述似乎都有道理，都来自对客观信息（或数据）的处理，但他们提出的解决方案却大相径庭。这很正常。无限的数据与大脑为数据赋予意义的本能结合起来，就会产生出各种不同的结论。

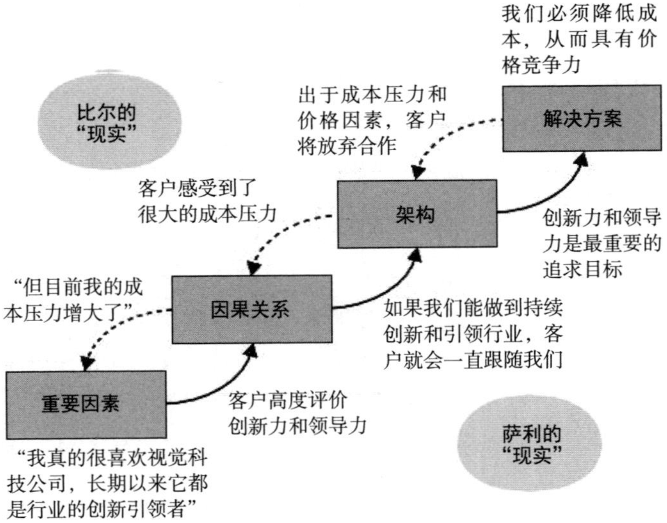

图 2-2　萨利的模式和方案 vs. 比尔的模式和方案

但萨利并不认为自己构建的只是现实的模型，而不是现实本身。她在与客户见面之后告诉我，她的理解方式是“我们行业的惯常方式”。比尔也坚持认为，他的理解反映了现实。

在萨利和比尔返回视觉科技公司总部的路上，他们谈到与客户的这次会面。比尔说：“如果我们不降低成本，就将面临失去客户的风险。”

比尔的看法让萨利大吃一惊。她心想：“比尔说的是这次客户拜访，还是他事先就已经有了计划，所以完全忽略了客户的高度评价，从而力主降低成本，但这正好与客户的真实需求相反啊。”她大声说道：“但是比尔，客户希望我们体现出在创新方面的领导力。”

比尔不敢相信自己的耳朵。他心想：“萨利跟我拜访的是同一个客户吗？还是她已经有了一个秘密计划，所以完全忽略了客户的需求，从而力主推动创新，却根本不考虑成本因素？但这正好与客户的真实需求相反啊。”

萨利和比尔的沟通出现了问题，这是看待现实的不同思维模式造成的结果。两人都表现出强烈倾向，要捍卫自己对现实的看法并拒绝任何不同的看法。

麻省理工学院系统思考专家约翰·斯特曼（John Sterman）认为：“人们倾向于相信，自己看到的事物就是真实的事物。”[4]这种倾向使我们很难知道该如何应对不同的观点，乃至不相容的观点。我们的第一反应总是去判定哪种看法反映了现实，而哪种是不真实的、错误的，然后想尽一切办法驳斥不认可的看法。然而，一旦认为其他看法是不真实的并加以拒绝排斥，就错失了同时持有两种对立看法带来的价值。在提出创造性解决方案之前，我们早早地放弃了运用整合思维。

我采访的整合思维者已经学会了如何改变缺省设置，能够将现实与声称反映了现实的模型区分开来。与很多人不同，他们不需要挑边站。斯特曼说：“这不是选择某种思维模式的问题，两种模式都是错的。你应该考虑如何将不同的视角结合起来，从而提升思维模式。”

现在，来认识一下 3 位非常优秀的管理者。他们都具有同时持有不同观点，但能清晰思考的能力。他们是宝洁公司首席执行官 A.G. 雷富礼、红帽软件公司联合创始人鲍勃·扬、多伦多国际电影节的幕后英雄皮尔斯·汉德林。

厘清现实，雷富礼重掀宝洁创新潮

当 A.G. 雷富礼在 2000 年成为宝洁的首席执行官时，宝洁已经连续两个季度向华尔街发布盈利预警，利润指标将达不到市场预期。公司的增长正在放缓，利润正在下滑，旗下的很多著名品牌正在缩减市场份额。宝洁的股价在 6 个月内下跌了 50%，商业媒体公开质疑宝洁是否已经在消费品市场失去了长期的显著优势，行业旗舰杂志《广告时代》（*Advertising Age*）甚至在头版刊登了一篇名为《宝洁日落西山了吗》的文章。[5]

就宝洁保守的标准来看，53 岁的雷富礼对于首席执行官的职位而言太年轻了，虽然他在宝洁已经效力了 23 年，是一个忠诚的“战士”并具有极佳的创新口碑。他曾经负责开发的液态汰渍、漂白汰渍和浓缩汰渍，都成了宝洁最为成功的旗舰产品。作为宝洁亚洲运营中心的负责人，雷富礼和小团队革新了 SKII。SKII 是一个小型的护肤品牌，最初只在日本和中国香港销售，后来成为全球知名品牌。在此过程中，SKII 的销售增长了 20 倍。由于前任是公司 170 年历史上第一个因为失去信任而被突然解雇的首席执行官，雷富礼没有经过宝洁传统的举荐程序就被紧急推上了首席执行官的位置。

对于雷富礼面临的挑战，哪怕是经验最丰富的首席执行官也会感到颇有压力。宝洁需要彻底检视整个创新方法。雷富礼的前任认为研发优先，而且相应加大了对研发的投入。他认为，只有大量的研发投入才能重新带来销售的增长。在

18 个月的任期内，他将研发投入增加了 3 倍。

无论研发优先的理念多么有优势，但实际结果令人失望。只有 15% 的创新产品达到了内部销售和利润目标。支持者认为，如果能给予更充分的时间，那么该战略肯定会成功，但需要再等上一两个季度才能实现。

其他高级管理者则主要把宝洁视为营销型和品牌塑造型企业。他们认为，公司应该专注于品牌和营销工作，让研发支出回到历史平均水平。他们说，这就是宝洁的生存法则，一直颇有成效，直到前任首席执行官把它搞砸了。

雷富礼正式走马上任。在压力之下，他必须处理好这两种完全相反的运营模式。双方都认为，他们的模式反映了现实情况。但雷富礼不这么认为。他把两种模式看作假说，而不是真相。这让他能理性而感性地思考两种模式的优点和缺点，而不是一味捍卫某一种模式，却放弃另一种模式。

中立的立场让雷富礼具备了优势。他发现，让研发支出回到历史平均水平并不能带来宝洁需要的增长。市场已经发生了变化：宝洁被诸多强有力的竞争对手包围，包括商店品牌和商场自有品牌，它们都在蚕食宝洁的市场份额。宝洁需要拿出全新的创新产品，而这需要比以往投入更多的研发费用。

但雷富礼也明白，前任首席执行官虽然支持显著增加创新投入，却没能带来好的结果。有些新产品正在研发中，但公司已经等不及去验证大量的研发投入是否能产生承诺的回报了。

雷富礼想出了一种解决方案，比现有的两种方案都更好。他没有从每种模式中采纳其中一部分，而是像艺术家一样，先思考哪种作品是不可接受的，然后再思考能接受的作品要达到哪些标准。但显然，在两种模式中二选一是达不到可接受标准的。

雷富礼还在面临的两难困境下，承担起个人责任。他没有抱怨为什么现实会让他面临如此困难的抉择，相反，认为真正的问题出在自己身上。他对自己说："我还没有找到一种能够符合我的标准的创新性解决方案。那不是现实的错误，而是因为我还没想得很透彻。"

雷富礼迈出第一步，开始质疑宝洁其他高管视为理所当然的假设。他怀疑这种因果关系是有问题的：有效的创新产品的产出是与研发投入的规模成正比的。他自问是否有其他更好的办法创新，而不是一味把资金投入宝洁的研发实验室。他开始考虑宝洁之外的其他机构能否帮助解决创新问题。

雷富礼发现，很多主体都在从事创新。实际上，单一投资人、学术机构和小型企业在创新方面的投入占比更大，大型企业反而占比更小，因为其规模太大，资源太丰富。但大公司在生产、营销和渠道方面的能力远超小型企业，而且在构想、测试和商业化突破性创新方面更具优势。

由于没给创新设定条条框框，雷富礼发现了一种方法：允许具备创新能力的小型企业使用宝洁巨大的资源网络。他为宝洁设定了一个目标：通过与大量的外部创新者广泛合作，使来自公司外部的创新占总创新的 50% 以上。然后，宝洁将利用巨大的资源优势，开发这些创新并将其商业化。雷富礼相信这一战略会成功，并将之称为“联系 + 发展”（Connect & Develop）。它可以让宝洁只用较少的创新投入就能带来高于平均水平的增长。

宝洁的研发人员对雷富礼提出的方案颇感惊讶。雷富礼说：“公司的核心科学家们都是博士，他们非常愤怒，因为公司把研发外包出去，意味着将不再重视创新，而这是公司的生命线。我说，不是这样的，正好相反，真正要做的是将研发实验室的效率提高 2 ～ 3 倍，希望有更多创新产品被商业化。”[6]

“联系 + 发展”战略结出的第一个果实就是“炫洁”，一种由电池驱动的低价振动电动牙刷。宝洁很早就从一家小型企业收购了这个产品并将其商业化。该产品的雏形只是一个会旋转的用电池的棒棒糖，很受孩子欢迎。宝洁的神来之笔是将很受欢迎和好评的口腔护理品牌“高露洁”印在“炫洁”的包装上，将它放在全美各个商店销售。合作的成果是丰硕的。4 年之内，宝洁的营销和渠道力量与小型创新企业之间的合作产生了价值 1.6 亿美元的产品线。[7]

雷富礼并没有独占功劳，而是把功劳归给宝洁创新高管吉尔·克洛伊德（Gil Cloyd）、拉里·休斯顿（Larry Huston）和纳比尔·萨卡布（Nabil Sakkab），并且他是这样做的第一人。这些高管为制定和执行“联系 + 发展”战略做出了重要贡献。[8] 然而，如果没有雷富礼将客观现实与现实模型区分开来，没有不妥协的高标准，没有自我施压，没有从根本上重新思考整个问题的强烈意愿，这些高管就不可能有执行该项目的机会。雷富礼营造了良好的领导团队氛围，鼓励克洛伊德、休斯顿和萨卡布尽可能推动并执行他们的想法。然后，他利用自己的声望和权威，坚决贯彻执行这一战略。我们不应该把整合思维与英雄式的领导者混淆起来，但整合思维仍是领导力的一种体现。

拒绝现有选项，鲍勃·扬利用免费软件让红帽获利

在整个科技行业，最吸引人的故事就是开源软件操作系统 Linux 对操作系统软件市场巨头微软的挑战。麻省理工学院教授理查德·斯托尔曼（Richard Stallman）提出了“开源”软件开发理论，芬兰工程师莱纳斯·托瓦兹（Linus Torvalds）开发了 Linux 最基础的程序，他们显然是“开源”软件发展史上最重要的人物。还有一个重要人物，那就是鲍勃·扬，红帽软件公司的联合创始人、Linux 的主要分销商。扬面临战略上的两难困境，但他最终提出了一种创新解决方案，将红帽软件公司和 Linux 推上了赚钱的道路，并使二者在操作系统市场占据了一席之地。

即使扬所在的行业不乏奇才，他也能从中脱颖而出。身形单薄、发量稀少的扬总是穿着红色运动袜，戴着红色运动帽。他非常热爱所在的行业，虽然并不认为自己是行业内“最聪明的奇才之一”，但是最终他深刻地改变了这个行业。[9]

为了理解他是如何做到这一切的，我们得从一件件小事依次讲起。在 20 世纪 80 年代，理查德·斯托尔曼提出的理

论掀起了一场运动：基于美国电话电报公司的贝尔实验室在20世纪70年代发明的操作系统UNIX，来开发一种新的操作系统，任何使用新操作系统的人不用花一分钱。

托瓦兹是成千上万个UNIX程序员和狂热爱好者之一，他得到了UNIX的拷贝软件并开始完善它。1991年，他在一个UNIX用户电子论坛上发布了一条消息，低调宣布已经从UNIX内核中开发了一种操作系统，而且让狂热同伴们观看了自己的成果。不久，托瓦兹完善UNIX之后的新系统被命名为“Linux”，该系统迅速而广泛地流传开来。为了改进并将其整合进新的系统，托瓦兹和一些同事建立了一个组织松散的委员会，来审视所有的程序修改建议并将最好的建议写进核心程序。

到了1993年，Linux已经足够稳定，可以用于处理企业的复杂应用。但企业还是没有买单，因为市场过于混乱，各种版本的软件差异很大，也没有版权保护。Yggdrasil和Slackware等Linux开发商想理顺市场，向有意向的客户销售自家版本的Linux。扬则创办了一家机构，名叫ACC公司，专门分销自己的“免费软件”。

“免费软件”并不免费，实际上Linux只是非常便宜而已。客户只需为软件光盘支付一小笔费用即可，要么直接向

Yggdrasil 和 Slackware 等开发商购买，要么向 ACC 等分销商购买。但不像微软那样的传统公司，Linux 销售商不会根据操作系统使用人数收取版权费。Linux 的客户可以免费将该系统用在需要的所有电脑上，而且没有额外费用。

通过 ACC 渠道销售自家版本的一家公司叫作红帽 Linux 公司。由于扬很喜欢红帽 Linux 公司的产品，最终将 ACC 与红帽 Linux 公司合并为红帽软件公司，并担任首席执行官，将公司重心从分销各种版本的 Linux 系统转变为只销售红帽 Linux 产品。

扬根据自己做分销商的经验，知道 Linux 软件市场依然还有空间，会有很快的增长。但业务规模很容易触及“天花板”，除非能找到新的商业模式。

扬已经看到，当时行业存在的两种主流模式有明显缺陷。一种是专用软件模式，微软和甲骨文是这种模式的大玩家，它们只向客户出售操作软件，而不是源代码。功能完善和更新都由软件开发商完成。扬说：“买专用软件就像是买了一辆引擎盖焊死的汽车，如果出了什么问题，你没法修复它。”

专用软件售价很贵，比如，那时微软的核心产品 Windows

卖 209 美元，毛利高达 90% 以上。即使首次购买价格已经很高了，微软还会不断对软件进行日常更新，客户要想同步更新软件的话，必须再次花钱购买。

扬非常鄙视这种商业模式。他说："如果他们编写的程序导致你的系统崩溃，那么你会给他们打电话，然后说，'我的系统崩溃了。'对方会说，'哎呀。'他的真实意思是，'哦，太好了。'他会派一个工程师上门服务，来修复软件，每小时的服务费是几百美元，但是那个软件在卖给你的时候就是有缺陷的，他们却把这一行为称为客户服务。"与之相反的模式则是 Yggdrasil、Slackware 和红帽软件公司采用的免费软件模式。

扬并不认为两种模式都有前途。在他看来，专用软件模式是开发软件低效而过时的方式。但免费软件模式也有问题。扬说："你靠销售 Linux 操作系统赚不到钱，因为所有东西都是免费的，而如果你开始为该软件收费，就有竞争对手杀价。这种竞争态势跟分销日用品无异。"

如果红帽软件公司不想成为利润很低的商品分销商，那么它就必须找到增加 Linux 附加值的方法，而且这种方法不涉及完善源代码。这意味着，扬必须找到 Linux 行业内其他程序员和分销商还没注意到的重要因素。

扬在公司客户购买软件的行为中发现了一个重要因素：大公司一旦做出决策，通常会执行 10 年甚至 20 年，因此希望买行业领导者的产品。扬说："如果美林证券公司要选择一家 Linux 供应商，那么他们不会选择排名第二的 Linux 开发商，只会选择行业老大。"

从这一洞察出发，扬发现销售规模和售后持续维护之间的因果关系被竞争对手忽略了。"如果我们成了第二品牌，就没有任何存在的价值了。如果你想销售免费软件，那么最好成为第一大玩家，从而在市场中掌握话语权。"

那么，红帽软件公司是如何成为企业用户眼中 Linux 市场的领导者的呢？它是通过改变和控制 Linux 混乱的开发和更新流程做到了这一点。扬说：

> 无论是红帽软件公司还是 Slackware 的产品，一个典型的 Linux 操作系统都由 800 到 1 000 个不同的软件包组成。这些软件包由不同的团队维护，这些团队每年只更新一两次软件包。如果你购买了 Linux 系统，那么每年只需要更新系统一两次。然而，实际情况却是，由于有 800 到 1 000 个软件包及其维护团队，而且每个团队是独立更新软件包的，这意味着，如果美林证券公司使用了 Linux，那么它的系统维护员必

须每天更新系统 3 次左右，而且必须持续跟踪所有这些更新，并将它们编写进 Linux 服务器。

如果你使用微软系统，就不会有这个问题。微软每 6 个月出一个新版本，会告诉客户如何安装。新软件用起来非常方便、安全和可控。

现在你应该明白为什么大型公司不会使用 Linux 了。尽管价格很便宜，但如果系统管理员必须跟踪免费软件所有的随机更新，那么其实也节省不了多少成本。

但如果有一种方式能处理好更新问题，那么大型公司就会节省成本，同时拥有比 Windows 更稳定、更可靠的操作系统。红帽软件公司如果能做成这件事情，就能为客户带来巨大价值。

扬综合了两种竞争商业模式各自的优点，构建了一种新的商业模式。他对新的解决方案感到很满意，但这个方案还存在一个很大的障碍。除非红帽软件公司成为 Linux 市场的领军企业，否则公司客户不会购买红帽软件公司的产品。

红帽软件公司必须找到一种方法，让 Linux 系统进入每家美国公司的硬盘。为了做到这一点，扬的编程团队重写了红帽版本的 Linux，以便它能通过互联网下载而不是通过光盘安装。然后，扬告诉团队："我们将把它放到能在全球互联网上找到的每一个 FTP（文件传输协议）服务器上，而且鼓励人们免费下载。"

扬说，他的目标是在竞争对手醒悟过来之前，"让 Linux 更快地普及开来"。这是一个很冒险的举动。红帽软件公司牺牲了所有潜在的收入，本来这些收入是可以通过发布新产品赚到的。但这是为了普及红帽版本的 Linux 必须付出的代价。很快，红帽软件公司的 Linux 就成了公司客户眼中的权威产品。

1999 年，红帽软件公司上市了，扬在上市交易第一天就成了亿万富豪。到 2000 年，Linux 已经获取了服务器操作系统市场 25% 的份额，而红帽软件公司在全球 Linux 操作系统市场中占据了 50% 的份额。与其他多数互联网泡沫时期创建的公司不同，红帽软件公司至今仍在持续成长。

红帽软件公司是如何提出这一创新解决方案的呢？扬认真对待现有的不尽如人意的各种商业模式，就像典型的整合思维者做的那样。首先，他意识到，现有的专用软件模式和免费软件模式并非长久之计，它们只是暂时被软件行业接受罢了。其次，在发现比现有商业模式更好的商业模式之前，他不会罢休。再次，他认为自己有责任想出更有竞争力的新模式，而不是接受现有的或别人给他的方案。最后，他将差强人意的现有选项作为一个契机，从本质上重新思考商业模式问题。在这一过程中，他发现了企业用户很看重的因素，找到了行业领导者与公司发展之间的核心因果关系。他提出创新性解决方案的路径与夏普和雷富礼的路径非常相似。

保持观念开放，汉德林打造多伦多电影节的影响力

皮尔斯·汉德林非常适合电影节主席这个职位。他从小就喜欢看电影，乐于沉浸在电影世界中。在电影节举办期间，他似乎更愿意去观看电影节上放映的不知名的电影，而不是去与各路电影明星搞社交。他不仅是艺术电影的狂热爱好者，还是电影行业的优秀学者。

当汉德林在 1982 年成为多伦多电影节的员工时，多伦多电影节正在艰难的启动阶段。[10] 创办于 1976 年的多伦多电影节没有多大的国际影响力，即便在加拿大，它也不如蒙特利尔国际电影节有名气。

在担任了项目总监和艺术总监之后，汉德林于 1994 年被任命为多伦多电影节组委会主席。那时，多伦多电影节最多只能算二流电影节。组委会希望多伦多电影节能像威尼斯、纽约、柏林和戛纳电影节那样，吸引更多人的关注，具有更大的国际影响力。组委会成员相信，国际顶级电影节卖得最好的观众票都是评审团授予奖项的活动入场票。戛纳有著名的金棕榈奖，但多伦多电影节有什么知名的奖项吗？

评审团评选是国际电影节的两种主流模式之一。由行业明星，包括导演、制作人和演员组成的评审团评出电影节的优秀电影，这些电影将由此获得声誉，通常也能获得更好的票房，比如，迈克尔·摩尔（Michoel Moore）的《华氏 911》（*Fahrenheit 9/11*）因为获得了金棕榈奖而在全球取得了票房成功。评审团模式的主要优点在于媒体关注度很高，报道很多，有利于获奖电影的宣传。

但评委团的评委都是精英，导致电影节参与者与电影节本身产生了距离感。汉德林认为，这很难让为电影节买单的观众感觉到电影节是为他们举办的。

没有评审团的电影节则消除了精英元素，也给电影爱好者主人般的参与感。但缺少了奖项评选，电影节和电影就不能抓住媒体的眼球，引发舆论谈资。而这种谈资正是多伦多电影节组委会求之不得的。

跟夏普、雷富礼和扬一样，汉德林面临两种不尽如人意的选项。在他看来，多伦多电影节具有明显的草根气质。“多伦多是一座多元化的城市，具有平民气质，所以电影节是观众的节日，而不是专家的节日。”他告诉我。但电影制作方和电影发行商的需求也很重要。电影制作方希望有很多观众参与进来，从而有利于电影发行；而电影发行商则要看电影节主要吸引的是哪类观众。

每个参与主体都希望电影节能引发舆论谈资：电影节本身需要这种谈资来吸引观众，制作方也需要谈资来推销影片，发行商则需要谈资来评判哪些电影值得购买。

于是，舆论谈资就形成了一种良性循环。如果电影节能产生这种谈资，那么更多的电影明星就会出席电影节。他们的出场会给媒体提供新闻素材，会吸引更多的电影爱好者、制作方和发行商。没有评奖就没有舆论谈资，但如果只有精英参与评奖，则会扼杀本来可能产生的更广泛的舆论谈资。

汉德林明白这些复杂的因果关系，也理解每个要素是如何相互关联的。当他思考复杂的因果框架时，一个创造性的解决方案开始浮现出来。多伦多电影节的持续成长需要评奖这个环节来产生舆论谈资，从而逐渐成为具有国际影响力的电影节。但必须让电影爱好者参与评奖，让他们觉得很好玩，而不是觉得受到了冷落。

汉德林的方案已经成型了。尽管多伦多电影节自 1976 年举办以来就从来没有评审团参与过评奖，但它还是会评出最受欢迎的电影，只不过由电影爱好者投票选出来的电影很少得到媒体、电影节观众和组委会成员的关注。汉德林意识到，如果加以适当的宣传，那么观众票选最受欢迎的电影可以产生谈资，同时这种形式本身就是平民化的，将传统的精英模式变成属于每一个参与电影节的电影爱好者的节日。

通过让观众成为评委，买票的观众有了巨大的动力，可以看尽可能多的电影。电影评选的竞争态势产生了悬念，让媒体有足够的动力进行大量的报道。电影节的“观众票选奖”会让发行商知道电影的商业吸引力。导演可能更喜欢由同行评审团来评奖，但也没有太多抱怨，勉强接受了由观众来投票。

“观众票选奖”让多伦多电影节一炮走红。到了 1999 年，美国最有影响力的电影评论家罗杰·埃伯特（Roger Ebert）告诉一名记者：“尽管戛纳电影节规模仍然更大，但多伦多电影节更实用、更重要。”[11] 到了 2005 年，多伦多电影节卖出了电影节历史上数量最多的观众票，电影评论家利亚姆·莱西（Liam Lacey）把多伦多电影节称为“全球最重要、规模最大、最有影响力、最有包容性的电影节”。[12]

《好莱坞报道》（*Hollywood Reporter*）在2005年报道：“多伦多国际电影节逐渐成为电影工作室的第一个展示平台，预示了年度评选的风向。”[13]“观众票选奖”的获奖电影还获得了其他奖项：《闪亮的风采》随后赢得了1996年的奥斯卡奖；《美丽人生》随后在1998年荣获3项奥斯卡大奖；《美国丽人》赢得了1999年的5项奥斯卡大奖；《卧虎藏龙》在2000年获得了4项奥斯卡大奖；《鲸骑士》在2002年获得一项奥斯卡奖提名；《卢旺达饭店》在2004年获得了3项奥斯卡奖提名；《黑帮暴徒》在2005年获得了一项奥斯卡奖。

这些电影都获得了“观众票选奖”，该奖项的诞生是整合思维的典型产物。在意识到评奖对多伦多电影节的身份和市场号召力是重要因素之后，汉德林避免了将现有的相互冲突的各种模式与现实混淆起来。他没有接受不符合自己标准的方案，而是决定为提出创新性解决方案承担起责任。当他面临不尽如人意的选项时，则重新思考，以求发现新的方案。他发现，提升多伦多电影节地位的方法就是让它成为平民电影节，这样既欢迎观众的参与，也尊重了商业和文艺电影的需求。

以常规路径提出独特方案

为了给不尽如人意的选项提出创造性方案，雷富礼、扬和汉德林阐明了一种常用模式，我采访过的很多整合思维者都在采用这种模式。跟其他整合思维者一样，这 3 位领导者能将思维模式与现实区分开来。他们可以随心所欲地分析这些模式，仔细审视它们，而不会直接拒绝某一种模式。这一核心步骤让他们在对立的模式之间探索张力，获取线索，最终形成更好的方案。

在雷富礼的案例中，新的研发开支模式帮助他理解了宝洁需要形成更高层次的创新，才能驱动成长；而传统的研发开支模式则帮助雷富礼了解到，宝洁可以承受多大规模的投资额。在扬的案例中，免费软件模式帮助他理解了广泛传播的力量，而专用软件模式则帮助他看到了通过服务赚取利润的潜力。在汉德林的案例中，评审团模式帮助他看到了评奖带来的舆论宣传价值，而非评审团模式提醒他重视观众的需求和感受。

与其他整合思维者一样，雷富礼、扬和汉德林拒绝接受平庸的二选一方案。不尽如人意的选项只能表明，当前的方案还不够好，即便这些方案看上去似乎是仅有的选择。如果现有模式不符合他们的标准，那么就必须改变模式，因为不能牺牲标准。

整合思维
THE OPPOSABLE MIND

与其他整合思维者一样，雷富礼、扬和汉德林为寻找满意的方案承担起责任。面对各种次优选项，他们没有抱怨环境，而是认为："我之所以面临不令人满意的选项，是因为还没有更透彻、更全面、更创新地思考问题。"当面临这些选项时，他们的反应不是"立即做出选择"，而是"进行深入思考"。通过从整体角度思考问题，同时不放过单独的问题，整合思维者就能找到创新性解决方案，从而避免两种对立选项之间的矛盾。

我采访过的成功商业领导者一个最显著的特质就是，具有在对立的选项中提出创新方案的动力。我追问他们，当周围的每个人都鼓励选择其中一个选项时，为什么他们一定要拒绝接受现有模式。他们的回答归结起来就一点："我不是那种非此即彼的人。"雷富礼的变通为行业提供了一个范本：当还有更好的选择时，不要接受现有选项。他告诉我："如果我们接受了现有选项，就不可能取得成功。每个人都可以二选一，都能在选项中做出取舍，但如果你在既有选项中取舍，就不可能成功。"[14]

The Opposable
Mind

How Successful
Leaders
Win Through
Integrative Thinking

THE OPPOSABLE
MIND

03

特点三，
远离简单化和专业化

每件事都应该尽可能地简单，但绝不是越简单越好。

——阿尔伯特·爱因斯坦

1991年，玛莎·葛兰姆（Martha Graham）在96岁高龄时去世。她是总统自由勋章的获得者，是著名的现代舞女王，也是《时代周刊》评选出的“20世纪最具影响力的100个人物”之一。葛兰姆还是20世纪最有天赋的整合思维者之一，其思想具有深远的影响力，甚至适用于那些面临复杂的商业困境而且必须提出创新性解决方案的管理者。

玛莎·葛兰姆从加利福尼亚州的康诺奇大学（University of Cumnoch）毕业之后，于1916年加入了丹尼肖恩舞蹈学校（Denishawn School）洛杉矶分校。[1] 20世纪初，艺术蓬勃发展。舞蹈与绘画和文学一样，摆脱了19世纪传统的桎梏，出现了一系列新奇的艺术风格，人们称之为现代主义。葛兰姆投入到现代舞之中，至20世纪20年代早期，成为现代舞的领军人物之一。当葛兰姆在1926年初登纽约舞台时，她编排的舞蹈摒弃了古典芭蕾的流畅和矫饰，而是采用了一种“收缩与放松”的技法，该技法以激烈的富有张力的动作（angular movements）为特征。她的舞蹈充满了焦虑等情绪。

葛兰姆的舞蹈作品相当现代，但当时的舞蹈表演仍是19世纪的主流风格。大多数舞蹈都要根据乐谱来编排，但是没有专门为舞蹈而编写的乐谱。表演者只能身穿传统的束腰芭蕾服或民间服装，而这些衣着与现代舞蹈要表达的内容并不相符。舞台设计也非常传统，是二维平面，仅有的背景与舞者或舞蹈也没有太大的关系。

葛兰姆改变了这一切。她与在丹尼肖恩舞蹈学校结识的作曲家刘易斯·霍斯特（Lewis Horst）密切合作，将音乐作为舞蹈的一部分。她在整个舞蹈生涯中持续精进。1944年，她创作了大师级作品《阿帕拉契山脉之春》（*Appalachian Spring*）。在这部作品中，她与传奇作曲家阿隆·科普兰（Aaron Copland）合作，在音乐与舞蹈编排之间形成了完美的和谐。

葛兰姆对服装设计很感兴趣，用笔直的长衬衣和简单的紧身衣取代了芭蕾束身衣和民族服装。她还通过将雕塑和其他三维元素整合起来，在舞台设计方面也做出了创新。她与著名的日裔美籍雕塑家野口勇（Isamu Noguchi）进行了长期而富有成效的合作，他们在《边界》（*Frontier*）、《阿帕拉契山脉之春》以及很多其他舞蹈作品中掀起了舞台设计革命。葛兰姆带领的舞蹈演员能够与舞台环境互动，可以经常利用或触摸舞台道具，这在舞蹈表演中开了先河。

对葛兰姆而言，作曲、编舞、服装和布景既是独立的要素，也是一个整体的组成部分。她在彻底摆脱传统舞蹈的过程中思路很清晰，既从整体思考问题，同时也思考了整体方案的每个要素，而不是将每个要素交给独立的专家去解决。由此，葛兰姆革新了一种艺术形式。

简单化，做最好的糟糕决定

从理论上讲，企业领导者也能采用类似连贯而整体的方法来打磨产品和服务。但为什么他们没有做到呢？原因在于当代商业机构过于简单和专业的缺省设置。

其实在每个领域，人类的思维都倾向于简单化和专业化。斯坦福大学管理学家吉姆·马奇（Jim March）认为，我们都有这种倾向，因为我们生活在一个无比复杂和模糊的世界，其中充满了各种逻辑不一的因果关系。例如，我们在某个月将产品价格降低了 5%，销量因此提高了 7%。然后，在下个季度末，我们再次降价 5%，但这一次销量几乎没有变化，因为竞争对手也采取了同样的价格策略，扩大了市场份额。我们回应这种令人沮丧的恶性竞争的方式就是简单化和专业化。吉姆在与同事丹尼尔·利文索尔（Daniel Levinthal）合著的一篇文章中写道："企业通过将问题进行分解，然后单独解决这些子问题，以期将这种混乱的、竞争激烈的环境变得不那么混乱、竞争不那么激烈。"[2]

我们都知道这么做将付出一些代价，但我们为这种代价找到了合理的借口，比如，运用著名的 80/20 法则。该法则认为，最多只需要付出 20% 的努力，就可以得到 80% 的理想结果。将该法则运用到认知领域，意味着最多只需要付出 20% 的心智努力，就会产生 80% 的完美结果。此外，该法则还表明，只有痴迷的或变态的完美主义者，才会多投入 80% 的努力去实现最多只有 20% 的更好结果。

80/20 法则暗示了简单化不仅是解决模糊问题和因果不一致问题的完美方式，而且放之四海而皆准。我们只要能实现 80% 的成果，就能避免复杂性和完全丧失能力带来的困扰。当同事或上司告诫我们"不要将事情搞复杂了"时，这不仅是不耐烦地提醒你继续干这难缠的工作，也是要求你把事情的复杂性控制在可容忍的范围之内。

简单化破坏了整合思维的每一个步骤。它怂恿我们去掉那些重要因素，而不是更广泛地考虑重要的问题，结果导致我们最终无法提出令人满意的方案。如果夏普像竞争对手一样将问题简化，那么就不可能创办出完全不同的四季酒店，也不可能与商旅人士深入交谈，从而了解到一个非常重要的信息：商旅人士希望酒店有让人在家或在办公室般的感觉。那种交谈会使问题更加复杂，专业人士主导的企业无法解决这些问题。但夏普喜欢复杂的局面，因为他知道，至少潜意识里明白，80/20 法则只会让一切照旧，他认为真正的创新性方案来自复杂性。

简单化使我们偏好线性、单维度的因果关系，哪怕现实是复杂的、多维度的。简单化思维无法让汉德林在电影节评奖和观众参与感之间建构起因果关系，因为这个问题不是直接的线性关系。

简单化还会让我们不管在面对什么问题时都构建有限的模式，但是这些模式是有缺陷的、不尽如人意的，使我们不可能提出整合方案。简单化思维只会在既有的选项中取舍，这种做法被称为“做出最好的糟糕决定”。

专业化，个体的最优方案伤害整体利益

专业化是简单化的变种。如果说简单化思维试图以比现实更片面、更肤浅的方式来理解整体图景，那么专业化则试

图通过忽略一些重要问题给人以深度而全面的印象。

与简单化一样，专业化可以让我们应对令人困扰的复杂性。以医学为例，无论从哪方面来讲，它都是一个很复杂的领域。医学具备集中而正规的专业分类，它有很多正式的专科，比如妇产科；也有细分的专科，比如新生儿科。细分专科的专家在所属领域拥有背景极其深厚的专业知识，但在所属领域之外却只有较少的知识，而且他们似乎对其他领域不太感兴趣，也没有责任去拓展跨领域的专业知识。

往好了说，医学通过各个专科和子专科提供了整体的医疗服务，但通常的情况很糟糕，各个专科和子专科医治的只是身体的某个部分，而没有考虑病人的整体健康情况。回想一下你上一次去医院的时候，你只看了几个专家，他们可能没花多少时间与其他科室的医生探讨你的特殊病情。医生对你的心脏、膝盖和鼻子进行了具体的检查，但没有从整体上分析病情。对此，你可能很不满，甚至有些抱怨。患者对传统专科治疗的非人性化后果的不满导致了新的医学运动的兴起。

商业领域也推行了类似的专业化，但没有得到满意的结果。商业领域主流的专业模式是根据职能划分，包括财务、营销、生产、销售、人力资源和组织部。每个职能领域都有认可的重要因素、因果关系、培训体系、专业语言和文化。

跟医学领域的专业化一样，商业领域的专业化也能让实践者积累深厚的专业知识。实际上，管理者只要肯花时间和精力，就可以在财务、营销和会计领域获得广博的专业知识。但这种广博的专业知识与商业领域自身的专业细分模式是冲突的。正如彼得·德鲁克所言："企业聘用了某学院毕业的 MBA 学生，实际上只是聘用了一些做专业化工作的人。在最初的 5 年、8 年和 10 年内，这些人是所属领域的专业人才。在大多数企业，如果员工对本职工作之外的工作表现出感兴趣，那么企业管理者就会感到不满。但实际上，这些员工是很有进取心的，也很有好奇心，是企业发展的生力军。"[3] 专业模式不是解决商业难题的最佳方式，因为正如德鲁克所指出的，"没有财务决策、税收决策或营销决策，只有企业决策"。

职能专业化对整合思维尤其有害，因为它破坏了有效的架构。在这种架构中，人们既从整体思考问题，又要解决个别问题。职能专业化鼓励对商业问题的各个部分提出相继的或平行的解决方案。结果，在一个职能部门看来最优化的方案却牺牲了公司整体的利益。

比如，设计一个新产品，研发部门提出了配方和使用说明书，然后就把余下的工作扔给流程复杂的工厂来组织生产，工厂生产完之后把产品扔给市场推广部门，然后是销售部门，等等。相继执行工作流程的每个部门，只是针对前一个部门完成的工作，做出从自己出发的决策。所以，如果研发部门在设计产品时没有考虑生产方面的问题，生产部门就不得不尽最大努力去解决生产问题。很显然，执行下一个流程的部门也不会考虑之后的部门要面临的问题。

通常，相继流程的替代方式是平行流程，即：项目总经理要求每个职能部门从整体上提出解决方案。但是，由于专业技能上的差异，每个职能部门的员工可能缺乏开阔的视野，很难想到对其他职能部门十分重要的因素；某个领域的专家也很难想到其他领域的专家可能会想到的因果关系。

然后，每个职能部门都没有提出针对整个公司的最优方案，而是将自己部门的最优方案提交给总经理。总经理要么选择某个职能部门提供的方案，要么试图将每个职能部门的方案整合起来。结果通常就像是庞蒂亚克汽车公司（Pontiac）生产的糟糕的阿兹特克（Aztec）车型。阿兹特克本来应该是庞蒂亚克汽车公司集合了工程师、营销员和客户的最佳想法而生产出来的车型，但由于没有运用整合思维将所有这些好的想法整合成统一的整体，阿兹特克看上去就像是一系列好想法的大杂烩，没有形成连贯一致的整体设计。因而，阿兹特克很快就退出了市场。

相继流程或平行处理过程都无法产生有效的整合思维架构。在整合思维架构中，思考者能从整体考虑问题，同时又能解决个别问题。那么，为什么即便我们知道不会产生最优结果，还是会将决策简单化或专业化呢？“原因在于，将问题分解成子问题看上去更容易解决，”跟随吉姆·马奇做研究的希拉里·奥斯汀·约翰逊（Hilary Austen Johnson）解释说，“你一旦开始整合各种事情，就会把问题变得更复杂，更难处理。而且情况总是在变化，你必须权衡各种情况，所以你必须拥有更强大的知识”。[4]

创新源于复杂性

复杂性是大多数人不愿意去面对的，而简单化和专业化似乎能摆脱各种混乱的想法。但有经验的整合思维者可以学会将混乱和复杂区分开来。F.C. 科利是印度软件巨头塔塔咨询服务公司的创始人，通常也被称为印度软件行业之父。他鼓励每个人勇于面对复杂问题：

> 在任何时候，我们都有不同的选择，但如果进行系统性思考，尤其是对复杂问题进行系统性思考，那

> 么就会意识到何为系统、子系统以及子系统的子系统，然后尽可能准确地定义它们之间的交互关系，我们就会逐渐开窍，从中找到解决方案。如果你有逻辑思考能力，也具备系统性思考的能力，我不认为复杂性令人畏惧。[5]

换句话说，如果我们能克服对复杂性最初的恐惧，并寻找其中的模式、联系和因果关系，那么复杂性不一定会令人无所适从。科利认为，实际上我们处理复杂性的能力比我们想象的要强得多。

在应对整合思维需要的复杂性方面，团队可以提供有价值的支持。玛莎·葛兰姆之所以能与科普兰和野口勇等艺术大师合作，是因为她需要他们的专业能力，而且她也对此表示尊重。他们帮助她摆脱了传统观念，使她更深刻地理解舞蹈表演每个环节之间的因果关系。葛兰姆与合作者之间的持续互动帮助她在设计舞蹈的各个环节时，养成了从整体思考问题的习惯。在这种情况下，她不一定能提出创造性方案，但成功的概率显著增加了。

整合思维 THE OPPOSABLE MIND

整合思维者知道自己需要得到足够的帮助来提出创新性方案。他们选择的合作伙伴能为整体问题做出一些贡献。布鲁斯·毛是一个经常与建筑师弗兰克·格里

（Frank Gehry）合作的著名设计师。他告诉我："你不可能成为文艺复兴时期的全才，因为需要做的事情太多，不可能具备所有能力，但实际上你可以整合一个文艺复兴式的团队。"[6] 整合思维者依赖于他们的"文艺复兴式团队"来打开思路，构想出复杂的因果性，创建一种整体而全面的架构，从而提出创新性解决方案。

综合所有要素，蒂姆·布朗重新设计阿西乐特快列车

在今日的商业领域中，最复杂和最成功的文艺复兴式团队之一要数工业设计公司 IDEO。其优势在于，首席执行官蒂姆·布朗和同事们意识到：人们在评价商品和服务时，并不是简单地评价产品的功能，还会评价产品的设计感。对于厨房用具，客户体验到的美感与体验到的实用功能同样重要。很多竞争对手也开始意识到这个问题，但 IDEO 第一个做到了在情感、体验和功能上讨好客户，它在这方面比竞争对手拥有更丰富的经验。[7]

布朗不希望设计师和客户拥有过于简单化和专业化的心智模式。他认为，过分关注设计的个别元素，会偏离客户的整体需求。

几年前，美国铁路公司认同布朗的观点，准备在波士顿到华盛顿之间开通阿西乐（Acela）特快专列服务，并让IDEO 设计阿西乐列车的座椅。美国铁路公司希望阿西乐列车的座椅比它的主要竞争对手——航空公司，有更好的功能和体验。

布朗本可以接下这个单子，让原来样式寒碜的列车得到巨大改观，并淘汰原来的列车。但他是整合思维者，拒绝了简单化和专业化。他认为，美国铁路公司只看重列车的座椅，却忽略了更重要的问题。

乘客不坐铁路公司的列车不是因为他们不喜欢列车的座椅，而是不喜欢列车上的整体体验。他们不喜欢在铁路公司官网上预订车票的体验，不喜欢在车站等候的体验，不喜欢上车过程的体验。一旦铁路公司开始启动改造，就会把列车装饰得华而不实，但这并不会增强对乘客的吸引力。

布朗说服铁路公司重新考虑设计，并让 IDEO 的设计师从整体考虑列车的旅行体验。他们认为旅行体验涉及 10 个步骤：研究、规划、设计、登录系统、订票、等候、上车、乘坐、到达和后续体验（乘客接下来的行程），而列车的座椅设计只涉及旅行体验的一个步骤：乘坐感受。

布朗将美国铁路公司和 IDEO 对客户的服务视为综合的过程，这一过程必须“考虑所有要素，无论该要素是什么”。在美国铁路公司的案例中，考虑“所有要素”意味着端到端（end-to-end）地重新思考阿西乐特快的整体客户体验，这正好是整体思维架构的定义。不仅阿西乐特快列车需要重新设计，而且列车站台、咨询互动平台、员工工作站和阿西乐的品牌都需要重新设计，并且这些工作的每个方面都要比航空公司做得更好。①

当简单化和专业化被摒弃，而复杂性成为看待问题和提出解决方案的方式时，阿西乐成了整合思维的经典案例。现在，让我们再来看看另一个整合思维者的案例，他也总是从整体思考问题，并解决了单独的商业问题。

观察整体和局部，摩西·齐奈默打造国际传媒帝国

摩西·齐奈默（Moses Znaimer）是一个身材矮小、充满活力的人。20 世纪 50 年代中期，他用成人礼上得到的礼金买了一台电视，后来就成了电视迷，并在电视界打拼。1972 年，齐奈默与别人联合创立了城市电视台（Citytv）。这是一家位于多伦多的独立电视台，竞争对手包括加拿大政府

① 想更多地了解有关 IDEO 的故事，推荐阅读由湛庐文化策划、万卷出版公司出版的《IDEO，设计改变一切》。——编者注

拥有的加拿大广播公司（CBC）和私人所有的加拿大电视台（CTV），以及当时美国三大电视网哥伦比亚广播公司（CBS）、美国全国广播公司（NBC）和美国广播公司（ABC）在布法罗设立的分部。[8]

竞争非常激烈，但齐奈默出于对电视制作的热爱，最终让城市电视台这家怪异的小型电视台脱颖而出。当主流电视台变得圆滑、老练和乏味时，城市电视台则显得很时髦、很自然，也很有个性。它热衷于播出花边新闻、非主流欧美电视剧，并且还会在深夜播放其他竞争对手在任何时候都不敢播放的刺激性电影。

但城市电视台在市场站稳脚跟，对于齐奈默而言是远远不够的。在 20 世纪 80 年代早期，齐奈默就意识到竞争格局正在发生变化，他必须做出重要决定。一方面，广播媒体行业已经开始全球化。美国有线电视新闻网络（CNN）和音乐电视网（MTV）都正在成为全球品牌和运营机构，其他地方媒体，比如欧洲的天空广播公司和默多克在亚洲的新闻集团也紧随其后。齐奈默意识到，全球玩家很可能会利用资源优势进入当地市场，让当地玩家毫无胜算。

另一方面，齐奈默发现观众仍然喜欢地方电视台。地方电视台能以某种方式吸引当地的观众，这是全球电视台、有线电视台和超级电视台无法做到的。广告商渴望在当地观众中得到推广，它们在广告经费上的持续投入让地方电视台拥有不错的收入，有些地方电视台甚至像全球巨头那样逐渐变得更大、更有影响力。

齐奈默面临的选择是，要么固守本地，要么走向国际。如果城市电视台继续保持区域运营策略，那么有可能被全球化的电视行业巨头打败，这种现象已经在其他行业发生了。齐奈默已经意识到，从零售业到消费品再到电影业，全球玩家将打败区域玩家。

但从事全球运营也不是一个尽如人意的选项。走向全球意味着城市电视台要承担巨大的财务风险。城市电视台将不得不借贷大量的资金，进行成本昂贵的并购，并且还不见得能获得收益；而且还要找到优秀的管理者，与他们的利益紧密捆绑在一起；同时，以最快的速度扩张市场。即便每项工作都做到位了，也不见得能追上全球玩家，毕竟它们至少领先了十年。

齐奈默最容易做出的选择就是继续舒服地保持现状，因为走向全球超出了他的能力。大玩家最终可能会吞并城市电视台，但在此之前他还可以盈利。这就是传统思维者的选择。当面对两难选择时，传统思维者会认为不可能有更好的选项了。

但作为整合思维者，齐奈默拒绝接受全球玩家对他所在市场的缓慢入侵，同时也拒绝错过媒体全球化的机会。他重新思考了全球化与本土化的利弊，试图发现之前没有意识到的重要信息。

最终，齐奈默找到这一重要因素了。他意识到：不仅多伦多人支持当地媒体，每个地方的观众都非常喜欢本土电视台，因为本土电视台反映和支持了社区价值观和社区意识。齐奈默告诉我，本土媒体帮助当地人建立了“意料之外的连接”。这听上去似乎是自然而然的道理，但齐奈默不像他的竞争对手仅止于此，而是将自己的思考整合进了城市电视台的运营策略之中。齐奈默解释道，城市电视台成功的关键在于“我们专注于竞争对手忽略的内容”，即对重要因素的有效界定。

齐奈默认为，电视台除了制作和播出节目，还应该具有独特的辨识度。他告诉我：“很多人会说，‘观众不认可电视台，只认可节目’，但那是因为多数电视台不具备辨识度。电视台能够通过制作并播出的每一个节目，以及节目之间的空档来呈现自己的特点。我相信，这种特点是可以传递给观众的。”

齐奈默利用了“节目之间的空档”来打造城市电视台的

独特个性，而其他电视台的管理者认为这种空档没有价值。电视台的个性是通过节目空档表现出来的，它会告诉观众接下来上演什么节目、为什么千万不要走开。城市电视台的这些个性比任何国外电视台或任何竞争对手都更能反映多伦多的种族多元化，借此在观众之间建立了紧密的连接。节目之间这些规律的、有节奏的个性体现了齐奈默的理念："电视的本质是人气，而不是节目。"

从一开始，齐奈默就使用了看似简单又相互强化的设备来打造城市电视台的独特个性，推出的口号是"城市电视台，无所不在……"，暗示城市电视台这条即时通信线连接起了城市的每一个角落，不管在哪里发生了有趣的事情，它都会进行报道。流动电台车强化了城市电视台在观众心中的形象。流动的电台车在多伦多随处可见，载着摄像师和扛着相机的电视台记者与路人互动，并被作为实况报道全天播出。

这些相当简易的设备在城市电视台和观众之间建立起了联系，而国家电视台和国际电视台则很难做到这一点。城市电视台有一档节目叫《对话者角落》(*Speaker's Corner*)。该节目的现场是一个很小的演播室，位于临近城市电视台总部大楼的一条街上。任何路过这里的人，都可以走进演播室，录制 15 秒的信息。如果信息很有趣、很有想法、很古怪、很感人，就会在节目之间的空档时段播出。

城市电视台的所在地段也增强了它与观众的联系。城市电视台总部位于皇后西街。这条街在多伦多，相当于时代广场在纽约，为所在社区增添了新的特色。总部大楼的一层演播厅面向街道，是开放的，巨大的内部空间可以举办大型聚会和娱乐节目。如今，美国大型电视网络也都在曼哈顿拥有了位于一层的演播厅，与街上观众进行互动。它们复制的正是齐奈默的做法。齐奈默是第一个让演播厅融入当地环境的人，并让这种做法成了城市电视台的鲜明特征。

如果说齐奈默打造电视台特征的方法很简单，那么他对电视行业因果关系的看法就不那么简单了。在 20 世纪 80 年代，齐奈默的竞争对手大多认为全球化最终会消解观众对地方电视台的依赖感。但他意识到，全球化实际上增加了观众对具有本地特色信息的需求。他说："全球化造成了区域化。"观众越觉得自己与本土电视台有更紧密的联系，就越会在面对众多节目选择时仍然选择看当地节目。然而，齐奈默也承认，全球玩家有更多的资源和更强大的经济实力，能投资于本土玩家无力承受的领域。

像其他整合思维者一样，齐奈默毫不犹豫地认为自己"不是'非此即彼'的人，而是'既要又要'的人"。所以，他从不接受这种观点：电视行业面临的问题就是全球化与本土化竞争的问题，没有其他更好的选择。他做到了竞争对手没有做到的事，将城市电视台办成了典范并在全球开拓业务。用他的话说，他拥有“让地区性电视台实现全球化的能力”。

如今，城市电视台已经是一家真正的全球化企业，在全球 21 个国家和地区拥有下属电视台。在 100 多个国家和地区，不属于城市电视台的本土电视台对其内容和表现形式予以许可。授权收入为城市电视台提供了资源基础，而这种基础是其他纯区域玩家不具备的，这使得它有实力与全球玩家竞争，同时又不失去自己的区域优势。

正如齐奈默所说，“全球本土化”（Glocalization）是他针对电视行业内在问题提出的解决方案。齐奈默以这种典型的整合思维，通过将现有模型与现实区隔开来，设定明确的标准并勇于承担风险，而不是甘愿成为环境的牺牲品，在明显不可调和的选项中提出了一种创新方案。他看重的因素比其周围的传统思维者更广泛，而且他在这些重要因素中探索出了更复杂的因果关系。他既坚定地保持整体视角，又研究局部问题，由此提出了创新方案。通过这一过程，他证明了无论整合思维者的思考方式和原因有多么复杂和麻烦，它们都是值得的。

THE OPPOSABLE MIND

THE OPPOSABLE MIND

HOW SUCCESSFUL LEADERS WIN THROUGH INTEGRATIVE THINKING

第二部分

整合思维的思考框架

04

立场、工具与经验，个人知识体系的 3 个要素

生而知之者，上也；学而知之者，次也；困而学之，又其次也；困而不学，民斯为下矣。

——孔子

在本书的第一部分，我们看到了整合思维者运用整合思维产生了令人惊讶的良好效果：伊萨多·夏普通过广泛考虑行业面临的重要问题，为全球酒店业树立了标杆；鲍勃·扬发现了意料之外的因果关系，让红帽软件公司成为市场领导者；在媒体全球化时代，摩西·齐奈默考虑到城市电视台的节目风格、社区关系和竞争环境等重要因素，为地方媒体的发展提出了独创性解决方案。

在考虑重要因素、因果关系和架构的过程中，这些整合思维者没有把问题简单化和专业化。他们敢于面对混乱和复杂，相信自己最终能找到最佳方案。就像 A.G. 雷富礼思考如何提出宝洁的创新规划一样，整合思维者意识到，不尽如人意的选项不是现实，而是有意或无意推断出来的现实模型。当面对各种不尽如人意的选项时，李秦和其他整合思维者不会走最轻松的那条路，或者选择最糟糕的那个选项，而是会将创造真正有吸引力的方案当作自己的目标和责任。他们了解每一个选项的优点，忽略其缺点，突破传统思维，形成一种全新的模式，创造性地解决了现有模式之间的冲突。

接下来，我将重点讨论如何培养整合思维和整合思维能力。为了阐明核心概念，我将提到采访的整合思维者，以及我和同事教授给 MBA 学生和高管的内容与技巧。在本章中，我将绘制个人知识体系的模型，为第 5、6、7 章做铺垫。我把支持个人知识体系的 3 个要素称为：立场、工具和经验。在接下来的几章，我将逐一探讨这些要素。我会考察如何将具体的整合思维技巧应用到个人知识体系的每个部分，观察典型的整合思维者是如何应用该技巧的，探讨个人如何用自己的立场、工具和经验面对最艰难的似乎无解的商业问题。[1]

为了熟悉立场、工具和经验等概念，我们回到鲍勃·扬的例子上。红帽软件公司联合创始人鲍勃·扬于 1999 年卸任。公司现任首席执行官是马修·苏立克（Matthew Szulik）。鲍勃·扬现在专注于经营 Lulu.com，这是一家在线自助出版服务机构。2003 年秋，扬与我共同出席了多伦多大学罗特曼管理学院的活动，在商学院师生面前进行了一场对话。扬堪称聪明又自谦的亿万富豪，在 79 分钟的时间里，他畅谈了自己的人生经历，喜欢身着睡衣在妻子的缝纫机房创业，回忆了在一家蠕虫养殖厂旁边经营企业是什么滋味，以及为什么要在家乡汉密尔顿买下一家破产的职业足球俱乐部，如何热心致力于保护受到侵害的公共土地。最重要的是，扬告诉了我们他的思考方式及其相关做法。[2]

立场：你是谁，你追求什么

立场位于个人知识体系的顶端，所占比重最大。立场就是你是谁，想在人生中实现什么目标。立场意味着你如何看待周围的世界，又如何在世界中看待自己。

扬认为这个世界是复杂的，有无数的路可以走。“在任何情况下，成功都不必然只有一种方法。”他说。但我们很少第一次做某件事就会成功。他说：“无论我们将哪个选项作为第一选择，都注定是错误的。”这个世界最令人困惑的复杂之处在于，他人也是这个世界的一部分，比如客户，“而客户并不总是对的……客户会说谎，或者看法是错的”。在这个世界中，最聪明的人不总是能提出最好的想法。在红帽软件公司，他与一些所谓的“高智商的聪明家伙”一起共事，但这些人都不是经商的料，所以他们提不出正确的解决方案。

如果世界的问题如此复杂，甚至让聪明的家伙一筹莫展，那就难怪会存在诸多的平庸企业。事实上，平庸是企业的常态，商界人士越早意识到这一点，自己的企业就会进步得越快。“不要自视甚高，”他在罗特曼管理学院告诉观众，“不要怀疑这一点，这并不是一件令人尴尬的事情，因为大多数人都不如自己认为的那么优秀。这是一个很大的秘密，背后隐含的意思是，其他人也没那么优秀。”

按照扬的说法，这个世界令人感到困惑和惊讶。虽然红帽取得了成功，他也成了亿万富豪，但是他取得的成就并无可夸耀之处。在互联网革命的早期，他说：“大多数人都是软件程序员，都很聪明，而我不像他们那样聪明，只是一个销售员。”他自嘲尽管自己无法在谈判桌上所向披靡，但乐于奉献自己拥有的一切，无论这些价值多高。“我的强项是……”他停下来，陷入思考，最终得出了一句自我评价，“我是一个优秀的销售员。”

扬具有谦逊的优势，能激励自己学习需要的知识，进而不断学到更多的知识。他问道：“当你跨出家门，走向世界时，你并不那么优秀，但最终你是怎么变优秀的呢？这个问题非常有趣，答案也很简单，那就是‘每天都取得一点进步’。关键在于，第二天你必须做出同样的承诺，第三天也同样如此。这就是全部的答案，不要为自己找借口，不要担心别人的批评，因为你并没有那么优秀，而批评总有助于你进步。”

是什么激励着扬每天都努力变得更优秀？光有金钱作为这种动机是不够的。真正的动机在于，扬作为行动者，想要实现某些目标。他说："我最根本的信念就是，想要为社会创造价值。对我来说，创造价值比赚钱更重要。"

动机是扬的关键力量。当动机与持续学习相结合时，在解决问题方面，它们就变成了比仅依靠智商更有效。"你能够通过动机克服自己的愚笨。"他说。耐心也是一个很关键的美德，不要急于得出结论。他建议："等等看，逆向思考，然后花一些时间搜集数据。"除非你已经掌握了执行计划所需的足够的信息，否则不要展开行动。他说："我很早就学会了不要做自己不懂的事情，这是我做事的核心原则之一。"

随后，扬作为热情而有耐心的学习者开始打造自己的商业领域。他通过克服懒惰倾向，每天努力取得一点进步，对这个令人困惑而又复杂的世界有了更深刻的理解，并开始由此追求自己的最高目标：为这个世界创造价值。

这就是扬的立场。没有谁比他对此更清楚了，因为他特意思考过这个问题，并在类似罗特曼管理学院的对话等访谈中对自己的立场进行了清晰的阐述。每个人都有自己的立场，无论是否意识到还是清晰或模糊地意识到这一点。每个人的行为都来自对世界的看法和在其中所处的位置。李秦认为这个世界是令人满意的，他可以在其中做自己喜欢的事情。他在职业生涯的早期，确立了作为价值投资者的立场，他的动机就是要打造一家有声望的投资公司。

皮尔斯·汉德林的立场则有所不同。他把自己视为一名幸运观众，可以在这个世界中看到各种美妙的电影。出于自己在这方面的优势，他很想让别人也有机会从他喜爱的电影和他不断发现的新电影中获得享受、学到东西。当他被擢升为多伦多国际电影节的主席后，他并没有只把自己当作电影节的管理者，而是继续对电影倾注热情。毕竟，他的立场就是把自己视作电影和电影历史的爱好者。

立场既有个人独特的元素，也有共同的文化和社区因素。扬把自己视为销售员，虽然不属于高智商的程序员，但他可以积累起有价值的实践经验。另外，程序员既是他的同事，也是致力于开源软件革命的战友。扬的立场部分来自作为销售员的职责，部分来自所处行业和作为开源软件运动先锋的立场，还有一部分立场则属于个人的独特部分。

我们通常把自己的立场视为理所当然的。“我是谁”这个问题似乎太简单了，但我们却不知道，对这个问题的回答将影响我们看待世界的方式，也就是说，我们会误将现实模型看作现实本身。立场会影响我们对周围世界的理解以及我们在此基础上采取的行动。

事实上，正是由于我们通常没有意识到自己的立场，以及我们对世界的看法会受到立场怎样的影响，立场的作用才非常强大，而且很难消除或扭转。

工具：理解你所在的世界

个人知识体系的中间层就是工具，它用于组织个人的思考和理解所在的世界。立场会影响如何积累工具。比如，如果你把自己视为电脑工程师，那么就会参与电脑工程项目，获得自己需要的规范的概念工具，从而更好地设计电脑硬件。

工具包括规范的理论、既有的程序和经验法则。扬的工具包中没有任何规范的理论，因为他认为学习胜过知识，所以这不意外。他也不羡慕高智商的同伴采用规范的理论。扬潜意识里认为，同伴试图使用复杂的规范理论来理解问题，会步履维艰。扬显然认为，他们如果有坚实的商业经验基础，就会发展得更好。

还有很多工具扬都没有使用。他经常使用的工具直接来自其立场。首要立场就是他痴迷于做好产品和服务，并且不断地设计和改进原型。在谈到这些年的创业经验时，他说："我会执行自己认为不会有错的战略，然后在市场上检验我的做法。"扬之所以倾向于这样做，是因为他把自己视为有耐心的学习者，以及把世界视为复杂的所在，没有人一次就能完美地解决问题。

扬的学习立场决定了他会在做决策之前进行广泛咨询。他说："当我最后一次征求意见时，已经尽可能收集了最多的有效信息。"但由于他的立场中还有一个关键因素，即他认为人们过于确信自己的想法，而实际上这些想法并没有那么合理，因此他不一定会采纳得到的建议，哪怕是权威人士的建议。他谈到在互联网上分销 Linux 的决定时说："聪明的家伙认为这样做很愚蠢。"

除了这些既有程序，扬还像每个人一样运用经验法则。其中一条经验法则涉及员工的动机，扬说："如果员工不愿意早上来上班，那我就很难打造好一个团队。"因此他虽然仅有 7 个下属，但开除了 5 个，而且这 5 个人是他从第一家工作单位带过来的。第二条经验法则涉及资产价值和群体智慧（或缺乏智慧），扬说："当多数人轻视某项资产时，我就应该买下那项资产。"在离开红帽软件公司后，他运用这条经验法则买下了好几家企业。最后一条经验法则涉及个人幸福，他说："你必须让自己感到开心。"根据最后一条法则，扬裸辞了薪水很高但自己并不喜欢的工作。当时，他住在一所别墅，每月需要还很高的房贷，他的第一个孩子还有一个月就要出生了。辞职后不久，他觉得自己做得对，长期的胃溃疡也痊愈了。

理论、程序和经验法则都是有效的工具。没有概念工具，你只能运用第一性原理（first principle）从头开始解决每一个问题。理论、程序和经验法则有助于识别和诊断问题。事实证明，如果再次经历类似的情况，那么用这些工具可能会解决问题。比如，假设你的浏览器经常死机，那么你就学会了解决问题的方法：关掉一些窗口，退出一些图片软件。

与立场一样，有些工具只属于你自己，而有些则是大家共有的。高盛的投资银行家也许使用的是同样的模型和表格，全世界的衍生品交易员也许都从教科书中学到了专业知识，但通过实践，他们中的大多数人具备了并购交易谈判或风险评估的经验法则，而这些经验只属于他们自己。

经验：磨炼你的敏锐度和技能

个人的经验形成了个人最实用和最具体的知识。积累的经验是立场和工具的副产品，而立场和工具又能指导个体形成某些优秀的经验，并放弃某些糟糕的经验。如果你作为企业高管的立场是一名优秀的模式构造者，而且理解客户的工具是复杂的量化模型，那么你的经验很可能来自在办公室分析数据的结果，而不是来自与客户面对面的交谈。相反，如果你认为自己很擅长交际，很善于让客户说出需求和欲望，那么你就会倾向于打造一种工具，这种工具有助于你通过登门拜访客户并与客户交谈来积累经验。

毫不奇怪，鲍勃·扬围绕开发和营销软件产品，积累了深厚而丰富的经验。将产品投放市场、向用户获取反馈、改善产品、获得更多反馈、进一步改善产品，这是整个产品生命周期的持续循环过程。正是在这一过程中，扬的立场和工具帮助他获得了经验。这些经验与他作为学习者的立场是相符的，他获取的工具来自实践经验，而不是来自规范理论。

经验能让我们磨炼敏锐度和技能。敏锐是一种能力，可以帮助我们区分不同的情况，有些情况很相似，但并不完全相同。一个有经验的厨师能轻松区分牛排煎熟了还是没煎熟；一个艺术评论家能辨识出大胆而有天赋的米开朗琪罗和谨慎而传统的手艺人；一个有经验的股票分析师能从两家不同的公司中读出几乎相同的财务信息，同时能分辨出两家公司的差异，并运用积累的经验和经验法则预测谁能胜出。

技能是一种采取行动以持续产生预期结果的能力。一个技能出色的厨师总是能烹饪出可口的饭菜。一个专业的艺术评论家总是能帮助观众看出大师作品和一般作品之间的区别。一个专业的股票分析师总是能识别出哪些股票紧随市场，哪些股票将超越大盘。

技能和敏锐度会同步提高和增强。正如你重复做一件事，就很容易从中学到一些经验，并能下次运用，直到形成可持续的技巧。不断改进的技巧能强化技能，使你做得又快又好。例如，你重复做一件事，可以学会更精细地分辨不同的质量水准，因此，一个有经验的厨师几乎总能凭着本能知道何时牛排煎得很生，何时煎得半生。

当我们学习新事物时，会很敏锐地关注自己的举动，而在这方面经验丰富的人则不会有过于敏锐的自我意识。想想看，当你学一项新运动或上第一节驾驶课时，你对自己举动的关注度有多高。这种对自己和正在学习的技能的高度关注不会持续很久。随着时间推移，不断的练习会将有意识的行为变成自觉的行为习惯。想想刚开始学习使用手动挡开车时，你在红绿灯路口有多么紧张，而现在很轻松就能选择正确的档位，开得很顺利。学习新事物时，我们会很关注自己正在做什么以及做的过程，这种自我关注很快就会变成行为本能，就像我们曾经学习如何系鞋带或学习骑自行车的经历。而一旦学会了，我们很难用语言描述学习过程。

立场、工具与经验的相互作用

个人知识之所以能构建成一个系统，是因为它的 3 个要素能相互影响。立场能帮助获得工具，工具又能帮助经验的积累。

然而，这种影响不是单向的。经验也会影响更多工具的获取。有些工具是做事的捷径，我们运用学到的经验来减少不必要的努力。在重复一项任务 10 遍之后，你就会发现哪些步骤是基本的，哪些应被减少或取消，哪些步骤程序能以最快和最可靠的方式产生想要的结果。

但培养或获得新工具不仅仅是完善已知程序的问题。经验也能指导你从外部资源获取新工具，在原有程序中学习新程序，进一步完善实践。假如你在一家工程公司的基层工作，自己的本科工程学位似乎没有用武之地，加上最感兴趣的工作是从事管理或产品开发，所以，你决定重返校园，拿下工程硕士学位或者攻读 MBA。

扬的经验帮助他进一步强化了模式认知技能。当我问他为什么高智商的人在构建盈利的商业战略方面并不占优势时，扬说："老实说，这与模式认知有关，他们没有这方面的经验，也没有自己的认知模式，所以不能将自己提出的战略建议与已有的商业结果进行比较。"他还说："我做出可靠战略决策的能力很大程度上体现了我的模式认知能力，从定义上讲，这需要经验。这一切都与模式认知有关，我已经具备了很多认知模式。"

随着经验使我们获得新的工具，我们的立场也更有深度，更清晰了。如果工程师进入了商学院，在攻读 MBA 的学习过程中获得了各种工具，那么他就会重新看待自己在世界中的位置，即立场。这位工程师不再只能解决特定的技术问题，还拥有了商业技能，能以更开阔的视野看待各种问题，用更多不同的工具解决问题。

对扬而言，模式认知变成了对立场至关重要的工具。他是一个销售员，销售经验能让他通过识别各具特色的模式来解决问题。由于经验丰富，他越来越相信自己能发现重要因素，并基于自己识别出来的模式大胆决策，包括决定将红帽软件公司的软件在互联网上分销。

图 4-1 显示了个人知识体系的动力过程。立场指导获得

工具，立场和工具有利于塑造经验，经验又反过来打造工具，修正立场。

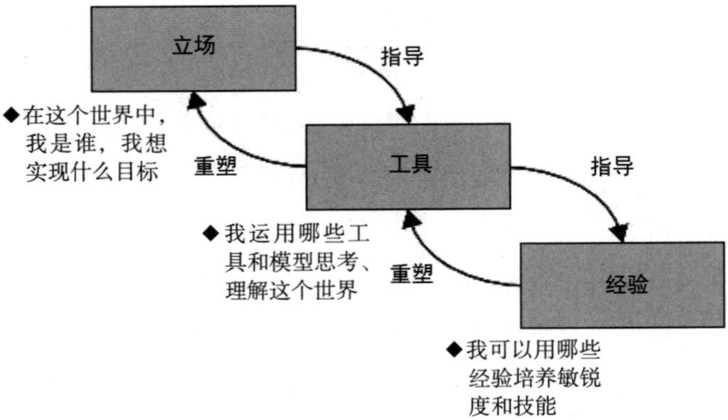

图 4-1　个人知识体系

著名的传播学家和哲学家马歇尔·麦克卢汉（Marshall Mcluhan）提出了立场和工具之间的循环关系，他还解释了温斯顿·丘吉尔的一个发现。麦克卢汉认为："我们打造了工具，然后工具又塑造了我们。"[3] 我完全同意这一点，但我还认为工具形成了经验，然后经验让我们打造出新工具，从而扩展、深化或者修正立场。如果我们贯彻麦克卢汉的思想，将打造出自己的工具，然后通过经验、练习和不断完善，将工具整合进立场，从而在适当的时候重塑自我。

伦敦商学院已故教授苏曼德拉·戈沙尔（Sumantra Ghoshal）在批评 MBA 教育时提出了类似的观点。他认为，商学院课程中必修的经济学和博弈论工具只会让学生学会玩零和博弈。换句话说，学生只会以非此即彼的方式看待现实可能性。戈沙尔认为，学生使用这些工具的经验让他们成为只会玩零和博弈的管理者。在他看来，呈现不同的工具和经验能以非常不同的方式重塑学生的立场，培养出不仅能玩共赢游戏，还能识别这些游戏模式的管理者。[4]

个人知识体系对整合思维能力的影响

戈沙尔的论证表明，个人知识体系是高度路径依赖（path-dependent）的。[5] 当一个人从某个立场出发，那个立场很可能会得到强化和放大，而不是被放弃或修正。这有可能产生积极的结果，但也有可能产生负面的结果，也就是说，有可能产生良性循环，也可能产生恶性循环。在最好的运行状态下，个人知识体系的 3 个要素会彼此强化，形成可以持续提升的整合思维能力。同理，立场、工具和经验也可能共同作用，让非常聪明和有能力的人对难题束手无策，他们的唯一目标只是生存。

狭隘和防御型的立场只会得到相当有限的工具和经验，相当有限的经验反过来导致获取更有限的工具和更狭隘的立场框架。例如，一个有色人种的年轻人，出生在混乱落后的城市贫民区。早期的经验和成长经历告诉他，自己是受压迫的，这个世界不会给他提供多少改变环境的机会。由于没有较高的希望或抱负，这个年轻人的行为动机仅仅是活下来，获得的工具都只是为了能够生存。使用这些工具将他的经验展现出来，而这些经验证实了他最初对自己的认知，也就是说，他陷入一个无望的世界，这个世界不会为他提供逃避或改变的机会。在这种环境下，他几乎不可能想到要获得更好的工具，以使自己想出生活的更多的可能性。

李秦的故事表明，不同的立场如何让一个人走上不同的道路。尽管李秦是一个混血儿，生长在安东尼奥港的穷人区，但他认为这个世界充满了机会，也认为自己有动力去获得成功。他的愿景激励他申请了美国北部的大学，他相信自己能获得上大学所需的经济资助。在大学，他获得了进一步拓展人生可能性的各种工具，获得了投资管理经验，不断磨炼投资敏锐度与技能。这种经验强化了他对这个世界的原有看法，即认为努力就能获得回报，而这一看法又进一步强化了他认为自己能够获得巨大成功的人生立场。

这种循环也能以相反的方向深入发展。李秦的良性循环显然表明，他需要获取工具和经验来强化敏锐度和技能。反过来，经验又强化了他的愿望：想要进一步提升技能、强化对自身的认知和立场、让自己生活得更好的动机。相反，一个成长于城市贫民区、处于恶性循环的年轻人则可能产生失败主义的人生态度。他一开始就可能把世界看成是痛苦的，其立场、工具和经验共同验证了他对世界的最初看法，也就是，最多只能做到次优的程度。

没有哪种循环是命中注定的。你的个人知识体系，即立场、工具和经验，都在你的掌控之中。你有很大的可能性去改进个人知识体系。虽然你的身高、智商或基因基本不会发生变化，但只要你能改变立场，就能改变培养思考能力的工具和经验，尤其是整合思维能力。

在接下来的第 5 章、第 6 章和第 7 章，我们将分别探讨立场、工具和经验，并分别用整合思维者的故事来阐明。在讲述故事的过程中，我将表明如何培养整合思维能力，以及我和同事是如何在学生和管理者身上构建这些能力的。我希望借此能让你的个人知识体系形成良性循环，推动你持续改进整合思维能力。

05

要素一，立场，发现对立模式的利用价值

你不可能学会你已经学会的东西。

——爱比克泰德

“不可接受！”在90分钟的对话中，这是IOWH创始人维多利亚·黑尔说出的唯一一个带有厌恶情绪的词。在接受我的采访时，她侃侃而谈，时而动情、时而反思、时而条分缕析、时而有趣、时而魅力十足。但当谈到医药行业无力满足贫困人口的需求并且医学领域默认了这一现状时，黑尔就开始发飙了，猛烈批评行业的懒惰、自满和对现状的无视：“作为一个药物科学家，这种情况对我而言是不可接受的。”[1]

黑尔是一名普通的药物科学家，她曾在加州大学旧金山分校的世界著名的药物化学博士项目中受训。她曾经在美国食品和药物管理局从事新药申请审查工作，也曾在全球领先的生物科技企业基因泰克公司当科学家。无论是在政府机构还是在著名的医药公司，她都很快晋升到高管职位。2000年，她40岁，辞职创办了IOWH，全球第一家非营利医药公司。IOWH的使命是：改变药物研发方式，开发出能医治全球穷人所患疾病的药物。

在医药行业的工作中，黑尔了解到，医药行业有两种方式提供药物。第一种是传统的营利模式：药企投入几十亿美元，在实验室和临床研究中花几年时间，研发出治疗某种疾病或症状的药物。如果最终研发出来的药物通过了监管批准，那么药企就会以高价销售该产品，从而覆盖研发成本，并为股东赚取可观的利润。第二种方式被称为公共健康模式，需要政府或药企的补贴资金，以便让穷人负担得起昂贵的药物。

两种模式都有自身的优点。营利模式利用几十亿美元的资本为地方病研发新药。公共健康模式则利用政府和药企资源来帮助数百万买不起药的穷人。但每种模式都不能满足最穷的国家中多数人的需要。营利药企主要针对有经济能力的病人研发新药，它们没有动力去研发主要治疗穷人所患疾病的药物，因为这样不能产生足够的收入，不能覆盖研发费用和销售成本。

我们无须指责药企。它们既不贪婪也并非无情，作为营利公司，必须为股东和员工的利益负责，因此不太可能主要为无力支付药费的人开发药物。

公共健康模式可以大大降低现有药物的成本，让许多穷人买得起药，但公共健康机构只能升级现有药物，无法为穷人研发新药。因为公共健康机构本身并不从事药物研发，无法为营利型药企提供强大的经济激励，让它们为穷人研发药物。

世界上存在着一些患者数量众多的致命疾病，但这两种模式都没有对此提供药物解决方案。这对黑尔来说是不可接受的。她告诉我，她开始思考如何为穷人研发药物的问题并问自己："为什么不能设立一家非营利的药企？如果我们能聚集技术、人才和资源去完成研发，那么最终就能研制出让穷人买得起的药品……我们可以试试看，把这些资源整合起来。"于是，IOWH 成立了。

接下来的工作就是专注于穷人所患的很容易用药物治愈的疾病。有一种病叫黑热病，是一种主要出现在孟加拉、印度、尼泊尔、巴西和苏丹等国家的寄生虫病。这种病每年会让约 50 万人丧生，是除疟疾之外全球第二大致命的寄生虫病。当地人说，那些感染了黑热病的人，会随着寄生虫逐渐摧毁内部器官而缓慢、痛苦地死去。本来该病使用两性霉素 B 抗生素，一个全疗程就能治愈，但它的成本超过大多数黑热病患者一辈子赚到的钱，所以只有少数幸运儿才能得到医治。

黑尔和同事发起了一项医治方案搜寻行动，以便让患者可以承受黑热病的治疗费用。没过多久，他们发现了一种药物似乎有效。巴龙霉素是 1961 年面世的一种抗生素，15 年后，当它不再为药企带来利润时，就逐渐退出了市场。黑尔和 IOWH 到处募集资金，并与印度政府合作，测试巴龙霉素临床治疗黑热病的有效性。

IOWH 的三阶段临床试验在 2004 年有了结论，研究人员报告称，使用了巴龙霉素的病人中有 95% 被治愈了。2006 年 8 月，印度药品监管局批准了巴龙霉素用于治疗黑热病。由于每个病人医治一个全疗程的成本只有 10 卢比，印度政府可以免费为所有黑热病患者提供治疗。IOWH 正在游说其他黑热病患者较多的国家采用这套方案。

在印度政府的支持下，IOWH 正在与印度格兰德制药有限公司（Gland Pharma Limited of India）合作，生产巴龙霉素，并在全国销售。由于取得了巨大突破，黑尔在 2004 年被施瓦布基金（Schwab Foundation）评为“杰出社会企业家”。2005 年，她又被《时尚先生》杂志（*Esquire*）评为“年度管理者”。2005 年，她因为在社会和经济创新方面所做的贡献被《经济学人》杂志授予了“创新奖”和“斯科尔社会企业家奖”（Skoll Award for Social Entrepreneurship）。2006 年，她赢得了麦克阿瑟奖，即俗称的“天才奖”。麦克阿瑟基金会称该奖项授予那些体现了“非凡的创新精神，致力于为未来做出重要贡献，且实现了有持续纪录的卓越成就”的人。

如果有整合思维卓越奖，黑尔也能获奖。毕竟，两种现有模式都不令人满意，一种是取得了惊人成功的药物研发模式，但它不适用于服务低收入人群；另一种能很好地服务于低收入人群，但又不适用于研发新药，而她提出了新的解决方案。黑尔没有接受其中一种，而是担起重责，提出了更好的方案。她运用了整合思维，给世界带来了新的模式：非营利的药企。我想在本章探讨的问题是：维多利亚·黑尔和其他整合思维者有着怎样的立场，驱使他们提出了创新方案？

整合思维者的立场综述

正如我们所看到的，整合思维者的个性各不相同。他们的立场有 6 个关键要素：3 个涉及所在的世界，3 个涉及在世界中的角色。

第一，整合思维者都相信，无论哪种现有模式都不能反映现实，它们只是被构建出来的最佳模式。黑尔在创建 IOWH 之前评价药物研发模式的现状时说：“现有模式反映了现实吗？事物只能按这种方式运行吗？不！不！背后的相关情况极其复杂，我们只是没能拨云见日而已。”

第二，整合思维者都相信，冲突的模式、风格和方法都是有利用价值的，而不应该断然否定、放弃。“我们有些员工非常擅长研发药物，非常专业，但不善于做实地调查，”黑尔告诉我，“我们也有些员工非常擅长调查和沟通，对当地文化有很高的敏锐度，但并不擅长技术或培训。所以我们需要各种类型的人来为这个世界做出贡献。”

第三，整合思维者都相信，一定存在着更好的模式，只是还没被发现而已。黑尔讲述了在尝试创办 IOWH 之前是如何回应身边科学家的质疑的：“我会说，‘作为一个科学家，你怎么能这么肯定呢？’当然，这是很有挑战性的事业，但如果没人去试一试，你怎么能得出结论说一定不可行呢？我们必须要试试看。”

第四，整合思维者都相信，不仅更好的模式是存在的，而且能够将更好的模式从抽象假设变为具体现实。黑尔说：“我把自己看成为穷人研发药物的科学家，然后对自己和他人说，‘我们应该试一试。’我的用词很关键，‘我们应该’。我们应该试一试。然后，我可以试一试；再然后，我会试一试；最后，我就真的做起来了。”

第五，整合思维者都能很好地与复杂性相处，并提出新的更好的模式，他们相信自己能从新的角度提出解决方案。

黑尔说："我能想象出一幅大的图景，因此不惧怕复杂性，我可以思考得很深入，也可以有更宽广的视野。尽管将问题变复杂了，也在混乱中摸索，但实际上是在寻求简单和秩序，我不会担心暂时的无序。"

第六，整合思维者都给自己充分的时间来构建更好的模式。黑尔说："当时机合适时，我知道需要做什么，每当我想行动时，都会给自己时间、空间和精力去做大量的工作。我会沉浸在对行动的思考中，与它相处，与它周旋。不能操之过急，这需要水到渠成。"

这是一种天生的乐观态度。整合思维者知道世界对他们施加了限制，但他们都相信：只要努力思考，具备耐心，就能找出比现有不尽如人意的选项更好的方案。

伊萨多·夏普分析了现有的酒店行业模式，然后提出了更好的模式：小旅馆的优势叠加大酒店的优势。蒂姆·布朗决定：IDEO 的设计必须同时满足用户的功能需求和情感需求，而不是只满足其中一种需求。

K. V. 卡马特在 1996 年接管了一家由印度政府支持的小型开发银行，并使其发展成为印度工业投资信贷银行（ICICI Bank）。ICICI 迅速成长为印度零售银行业的主导者，目前正在快速实施全球扩张，与全球老牌银行较量并取胜。卡巴特当时面临的情况是，必须在发展质量和提高效率之间做出权衡。但跟夏普和布朗一样，卡马特拒绝传统智慧，也就是拒绝在两种不可调和的选项之间做出选择。为了实现发展质量和提高效率的目标，卡马特重组了 ICICI，并加强管理。

大多数整合思维者都会明确拒绝在两个选项中做出取舍，即使很多人告诉他们这种取舍是不可避免的。eBay 的首席执行官梅格·惠特曼就是典型的整合思维者。她认为 eBay 的秘诀就在于整合思维。从同时考虑社区和商业的角度来说，这种整合非常有效。[2] 南丹·尼勒卡尼是印度最成功的全球 IT 公司印孚瑟斯技术有限公司的创始人和首席执行官。他说，当他面临两种完全不同的需求时，第一个反应是问自己："这些方案能同时满足两种需求吗？"[3] 当杰克·韦尔奇被问到是战略重要还是执行更重要时，他说："我不认为这是一个非此即彼的问题。"[4]

整合思维者在面对复杂局面时，都能保持难能可贵的沉着冷静。他们会耐心等待各种问题线索浮出水面，然后再将其整合成想要的模式。冥想有助于产生新的方案，用设计师布鲁斯·毛的话来讲，思想就是"围绕各种可能性进行思考"。[5] **每个整合思维者的核心观点是，在寻求有价值的答案的过程中，将各种模式综合考量，而不是单独考量。**这种思维方式充分地体现了托马斯·C. 钱伯林的多重工作假说。

当我们开始着手打造立场时，要记住，立场不是独立存在的。它只能在工具和经验的语境下才能存在，而工具和经验都需要时间积累。因此，任何人都无法教会你如何形成作为整合思维者的立场。立场始于一个人的性情，然后在成长过程中持续不断地积累。想想 AIC 资产管理公司李秦的坚定信念："我的努力可以改变世界"。工具和经验会强化由性情决定的立场，同时增加立场的深度和细微差别。

问题在于，作为个人知识体系基础的立场应该具备哪些特征，才能让我们成为像维多利亚·黑尔那样的整合思维者？

我在前文中提到了立场有 6 个要素，接下来将深入探讨每个要素。

对世界的立场

1. 现有的模式不能反映现实，只是思维构建的产物。
2. 要利用对立模式，而不要畏惧它。
3. 现有的模式不完美，更好的模式一定存在，只不过尚未被发现。

对自己的立场

4. 我能发现更好的模式。
5. 我能面对和处理必要的复杂性。
6. 我给自己充分的时间来构建更好的模式。

但是请记住，每一条要素只是开始。它们必须用工具和经验来强化，让立场更清晰。当你明确了整合思维的立场，并培养出了灵活性和韧劲时，还会发现，自我立场的每个要素都与自己对世界的看法一一呼应。当你开始理解现有模式并不能反映现实时，就会相信自己有能力发现更好的模式。当你开始发现现有的对立模式具有利用价值时，就会逐渐适应局面的复杂性，并有信心从另一个视角更深入地理解。当你越来越相信更好的模式一定存在，只是尚未被发现时，就愿意花更多时间来提出创造性的解决方案。所以，即便立场是教不会的，但我们可以领会它的要素。

立场 1，现有模式没有反映现实

正如在第 2 章讨论的，我们天生自带“缺省设置”，这导致主观认知与客观现实的混淆。每当我们听到有人说“这就是现实情况……”时，这种混淆就会被强化。我们所受的教育也会进一步强化这种混淆，导致选择性地回忆事实。然而，这些事实只不过是主观理解，不是客观现实，比如，对莎士比亚戏剧、滑铁卢战役和马克思剩余价值理论的评价。我们的大脑容易混淆认知与现实的现象并非是巨大而神秘的阴谋，只不过是“缺省设置”在持续发挥作用，是我们的教育体系让这种特殊装置发挥作用的。

有意识明确立场的第一步，就是学会分辨主观认知和客观现实。2006 年获得奥斯卡金像奖最佳影片的《撞车》（*Crash*），就生动体现了这种区分是生死攸关的问题。

分辨主观认知和客观现实

《撞车》的情节是由几场在洛杉矶发生的严重的种族冲突串联起来的。故事的一条主线是不同种族的修锁匠丹尼尔和小卖部老板法哈德之间不断升级的冲突。法哈德是一位新移民，口音很重，只有初级英语水平，在洛杉矶一个穷街区经营一家小商店。盗贼曾经闯进商店，多次抢劫他，最终他不顾女儿杜里理智的反对，决定买一把枪自卫。女儿正在攻读医学学位。法哈德没法与枪店老板用英语沟通，所以杜里尽管感到很担忧，但还是帮助父亲买到了枪。

在一个场景中，法哈德正在给保险公司打电话，抱怨商店不安全，因为后门的锁坏了。保险公司派了丹尼尔去修锁，丹尼尔是一个 24 小时随时待命的个体户，一个 20 岁左右的拉丁裔年轻人，他的外貌在法哈德这样的外来人看来有点可怕。丹尼尔剃了光头，戴着耳环，身上还有几处显眼的文身。他的衣着风格就像让法哈德的穷邻居不堪其扰的黑帮分子。

但丹尼尔还有另一面：一个温和而顾家的男人，非常爱自己的妻子和女儿。一家人生活在一所不大但很整洁的房子里，在进家门之前，他会脱掉鞋子。他 5 岁的女儿身穿校服，神情骄傲自信，丹尼尔和妻子为了送女儿去私立学校，做出了巨大的牺牲。

电影编剧学到的第一课就是，每个场景都包含某些冲突。丹尼尔和法哈德之间的主要场景都是在上演冲突。他们对现实有着不同的主观认知，而每个人的主观认知也都与客观现实有冲突，结果，悲剧就难以避免了。

电影刚开始的场景是，法哈德待在店里，丹尼尔正在后门修锁。丹尼尔突然停下手中的工作，来到法哈德身边。法哈德正坐在柜台听家乡音乐，心思早已神游在外。

“打扰了，”丹尼尔说，“打扰了，先生。”丹尼尔打断了法哈德的遐思，这让法哈德有些恼怒。“你修好了吗？”他十分不快地问道。

“我换了锁，”丹尼尔说，“但真正的问题不是锁，是门。”

“你把锁修好了吗？”法哈德不耐烦地质问。

“是的，我换了一把锁，”丹尼尔说，“但你还得把门修一修。”

“只修锁就好！”法哈德怒喝一声。

“先生，听我说，”丹尼尔的耐心也逐渐消失，“你需要换一扇新门。”

“我需要新门？”

“是的。”

“好吧，多少钱？”

“我不知道，”丹尼尔说，然后摇了摇头，“先生，你需要打电话给卖门的人。”

“你想骗我，是不是？”法哈德生气地问道，“你有一个会修门的朋友，对不对？”

“不，我没有修门的朋友，兄弟。”丹尼尔觉得被冒犯，有些生气。

“那么你就给我老老实实把锁修好，你这个骗子！”

“你知道吗？”丹尼尔已经快要爆发，“你只付新锁的钱就好了，我不收服务费。”他把工单的复印件递给了法哈德。

“你没有修好锁，”法哈德把工单扔在了柜台上，“我付钱？付什么钱？你认为我是傻子吗？你根本就不是修锁的，你这个骗子！”

“现在，如果你不再这么骂我，我会感激你的。”丹尼尔边说，边极力控制自己的情绪。

“赶紧去把锁修好！”法哈德吼道。

“我已经换了锁！但你还需要修门！”

“你这个骗子！你这个该死的骗子！”

“好吧，”丹尼尔揉碎了工单，“你不用付钱了。”

“什么？！”当丹尼尔把揉成一团的工单扔进垃圾桶时，法哈德完全不敢相信自己的眼睛。

“晚安。”丹尼尔挖苦道，然后朝后门走去。

“什么？！”法哈德非常愤怒，“不！等等，等等！你给我回来。你得把我的锁修好，你回来，把我的锁修好！”

然而，丹尼尔已经走出了大门。

第二天早上，法哈德打开商店，发现有人闯进了店内，搞得乱七八糟。

当保险理赔员告诉法哈德，遭受的损失不会得到赔付时，他被彻底激怒了。理赔员解释说，他太大意了，应该听丹尼尔的建议，把门修好。

法哈德对这不公平的遭遇愤恨不已，开始认为是丹尼尔闯进了店里。他在垃圾篓里捡起丹尼尔揉成一团的工单，在上面找到了丹尼尔家的地址，带上女儿帮他买的枪，往丹尼尔的家里赶去。丹尼尔正在把修锁篷车拉到通往家里的车道上。当他从篷车里出来时，法哈德撞见了他，手里拿着枪，要丹尼尔把钱还回来。丹尼尔没明白他在说什么，试图安抚法哈德，但他这样做只不过是进一步点燃了法哈德的怒火。

丹尼尔的小女儿从房子的前窗看到了这一幕。她跑出屋子，想保护父亲，结果法哈德朝丹尼尔开枪了，她不幸中弹。丹尼尔惨叫痛哭，妻子从厨房冲出来，跪倒在女儿面前，号啕大哭。

就这样，悲剧发生了。一个无辜的小女孩成了误解的牺牲品，而这个误解本来是完全可以避免的。不过，剧情随后发生惊人的反转，这多亏了杜里，法哈德的女儿。原来杜里在帮父亲买枪和子弹时，悄悄地只买了弹壳，没买弹药。法哈德误以为丹尼尔欺骗了他，并破坏了他的财物，因此朝他开了枪，但由于子弹中没有弹药，丹尼尔的女儿得以幸存，而法哈德也幸免被判处一级谋杀罪。

这一电影场景非常有说服力，它明确地告诉了我们，有意识地区分现实和对现实的主观认知有多么重要。丹尼尔和法哈德都有自己的主观认知模式，而且都认为该模式基本反映了现实。他们认为自己的认知模式是真实的，所以对对方做出极端行为。法哈德的行为比丹尼尔更极端，但两个人都过于脱离现实。

在法哈德看来，丹尼尔首先是一个骗子，其次是一个不折不扣的罪犯，他要么亲自闯进店里打砸抢，要么把地址给了他可恶的朋友来搞破坏。是哪些重要因素让法哈德对丹尼尔产生了这种印象？是丹尼尔的种族、他看起来不友好的外表和他没有能力将门修好。法哈德在这些因素之间建立了因果关系，形成了认知模式，认为丹尼尔是一个骗子，故意提出门有问题，好为他的朋友介绍业务。这一认知模式造成了法哈德与“骗子”丹尼尔的冲突。丹尼尔的愤怒、对工作的拒绝，以及商店被打砸抢，所有这些重要信息都强化和放大了他最初对丹尼尔品格的认知：这个看上去很危险的修锁匠是个骗子，一个罪大恶极的骗子。

当法哈德在构建对丹尼尔的认知模式时，丹尼尔也在构建对法哈德的认知模式。在丹尼尔看来，法哈德听的音乐很奇怪，口音太重，莫名其妙地责备人（“你想骗我，是不是”）。根据这些重要因素，他形成了对法哈德的认知模式，认为法哈德无知、好斗、喜欢侮辱人。尽管在法哈德责怪他之后，他保持了平静，但他的口头禅“兄弟”却激起了对方的敌意。丹尼尔的用词强化了法哈德认为他是黑帮成员的印象，于是法哈德的语言攻击逐渐升级。反过来，法哈德逐渐加剧的愤怒也强化了丹尼尔对法哈德的最初看法，认为他很无知，很鲁莽。他放弃了索要工作报酬，离开了法哈德的家，但这强化了法哈德的看法，法哈德认为他不值得信任。

丹尼尔和法哈德都混淆了现实和自己的认知，而后者决定了每个人的行为过程。丹尼尔确信自己是在跟一个无知、好斗和无礼的人打交道，觉得自己有理由迅速放弃解释门的问题，在没有帮助客户解决问题的情况下就自行离开了。

尽管法哈德的言行很有攻击性，但丹尼尔的回应并非只有这么一种方式。在迅速放弃沟通和相互理解之前，他本可以想想，法哈德的言行是否还有其他原因。他本可以再多待一会儿，以便了解对法哈德的最初看法是否正确。他本可以采取完全不同的处理方式，让法哈德走到门前，向他说明为什么是门有问题，而不是锁有问题。但他用放弃报酬的方式还击了法哈德，很快就离开了，无意中让法哈德对他产生一个错误的、至少是不那么全面的印象。在法哈德看来，丹尼尔离开时满腔怒火，很可能是去找他的黑帮朋友伺机报复。

如果说丹尼尔错在放弃，法哈德则错在行为过头，他的举动比丹尼尔的愤怒离开更极端。法哈德对丹尼尔的认知模式使他相信，丹尼尔是闯进商店的罪魁祸首，自己有充分的理由朝那个罪大恶极的骗子开枪。就像丹尼尔，法哈德本来也可以想想，对丹尼尔的看法是否不对，哪怕只是暂停思考，就能让他避免做出持枪复仇的举动。

我告诉学生，这个故事的重点在于，现实并不像人们吹嘘的那样美好。我们对现实的认知很少是绝对清晰而正确的，通常都是用自己的认知模式去理解现实。比如，牛顿的经典力学模型就曾经被人们普遍认为反映了宇宙现实，直到爱因斯坦提出了更完善的力学模型。哪怕是受过良好教育的人，要改变对物理学的认知也是非常困难的。力的概念没有发生变化，但对各种力的系统性解释发生了变化，这种变化让很多人觉得，力本身似乎也在变化。

丹尼尔和法哈德的故事告诉我们两个重要的道理：一是我们视其为真的事物，实际上都不是现实本身，而是我们对现实的认知；二是在很多重要方面，这种认知很可能是不完美的。

立场 2，利用而非畏惧对立模式

我们还必须意识到，任何模式都不是对现实完整的真实写照，所有模式都只是从某个角度反映了现实。人们可以通过整合不同的模式，逐渐形成一幅较为完整的现实图景，尽管这幅图景仍有可能是不完整的。一旦重要因素被忽略，因果关系未被注意，架构的可能性未得以开发，各种问题就开始出现了。

事实上，对立模式是最丰富的智识资源，能为解决一个难题带来新的洞见。我们不会从跟我们看法相同的人那里学到多少东西。自我认同和他人认同使人感到满足，但如果我们忽略了某些重要因素，那么这种满足就是自欺欺人的。法哈德和丹尼尔本来可以从对方身上学到更多，但他们放弃了这样做，进而伤害了自己。最具创造力和成效的看法应该是，将各种对立模式视为学习的机会，去理解、欢迎和欣赏它们。

整合思维者意识到，各种模式注定是有冲突的，就像第 2 章中萨利和比尔的故事那样。每当人们同时看待现实的不同面向并试图建立自己的认知模式时，冲突就会发生。所以，有多少人参与和见证一个故事，就会有多少种对该故事不同的理解，这很正常。我们没有必要像法哈德和丹尼尔，或者萨利和比尔那样，根据各自不同的理解而相互对抗。如果你的认知模式是唯一正确的，那么其他模式就都是有问题的，应该被剔除或被忽略。如果你的认知模式只是多种模式中的一种，所有模式都不完美，那么就应该料到，一定有与你相冲突的模式，你不必因此感到畏惧。

立场 3，相信一定有更好的模式存在

教授整合思维的下一步，就是要培养一种信念：更好的模式是存在的，只是你尚未发现。

从最广泛的层面讲，在思考和评估关于世界如何运行的

理论方面，存在两种概念性的方法。我把它们称为“捍卫现有模式”和“寻求更好模式”。捍卫现有模式是目前最流行的思维模式，它是大多数人天生的“缺省设置”，人们意识不到该设置的存在。当我们采用捍卫现有模式时，就会为自己认同的理论寻求支持和进行辩护。在逐渐积累支持该理论证据的过程中，我们会更确信自己的理论代表了真理，更满意于自己已经实现了最终目标，即确定性。[6]

现在，再来分析法哈德和丹尼尔的故事。两人都采用了捍卫现有模式。法哈德很快就形成了对丹尼尔的看法，即骗子模式，然后寻求证据来证实：丹尼尔称呼他为“兄弟”、与他有言语冲突、拒绝继续修锁、愤怒离开。在法哈德看来，所有这些信息都证明，丹尼尔是个骗子，甚至是个罪犯。

与此同时，丹尼尔也形成了对法哈德的认知模式，认为他无知、无礼：法哈德称呼他是骗子、与他有言语冲突、朝他怒吼。所有这些信息都证明，丹尼尔轻视法哈德的认知模式是正确的。

盲目地坚持捍卫和证明现有模式的问题在于，人们不会将不利于现有模式的信息看作是有效的，更不会看作是重要的。我们一旦进入捍卫模式，就会放弃寻求更准确的模式。法哈德本可以发现很多信息来否定他对丹尼尔的看法。如果丹尼尔是个骗子，那他为什么会这么快就放弃索要报酬？

丹尼尔也只有很少的信息，不足以否认对法哈德的看法，本可以获取更多信息。毕竟，法哈德坚持让丹尼尔回来修锁。可能有些人会同情丹尼尔，认为他已经强调了问题在于门而不是锁，尽管他的强调无济于事。但是，如果丹尼尔没有愤而离开，那么他们之间的误解就有可能消除，就不会发生暴力事件。

在很多方面，钱伯林强有力地反驳了捍卫现有模式，还警告科学研究依赖主流理论的危险性。现有模式捍卫者希望维持主流理论，因为该理论得到了证实后，他们就可以高枕无忧了，具备所有的确定性了。西方流行的教育模式极其强调让学生找到一个正确答案，就是这方面的例子。

在捍卫现有模式的过程中，其他选项或冲突模式就被排除了。由于其他模式对现有模式的正确性构成了威胁，所以它们肯定会受到怀疑、歪曲和反驳。法哈德坚持现有模式，没有给丹尼尔机会，让丹尼尔真正帮助他解决问题。丹尼尔提出不收修理费实际上与法哈德关于丹尼尔是骗子的认知模式不相符，法哈德感到自己接受丹尼尔的好意是被迫的。法哈德看到丹尼尔有和美的家庭，这显然与他的现有模式相悖，然而他没有进一步寻求驳斥现有模式的信息，而是继续捍卫和辩护现有模式。

为了避免捍卫现有模式的弊端，我们可以采取另一种更有效的模式：寻求更佳模式。更佳模式的寻求者不相信现有的答案就是最好的答案。美国哲学家查尔斯·桑德斯·皮尔士（Charles Sanders Peirce，1839—1914 年）称这种观念为“易谬主义”（fallibilist stance），因为它假设所有模式都有可能是错的。[7] 但这并不意味着应该拒绝现有模式。在现有的最佳模式被更好的模式取代之前，还可以继续发挥作用。但易谬主义认为，随着时间的推移，现有的最佳模式一定会被更好的模式取代，而后者也会被另一个更好的模式取代。

在更佳模式的寻求者看来，他们永远不会高枕无忧。他们总是在验证自己认为最有效的信息。他们的目标是否定现有的信念，因为否定不代表失败，而是代表进步。正如皮尔士认为的，即使新模式有所进步，也仍是不完美的，随着时间的推移，会被更好的模式取代。从本质上讲，这种信念可以被视为乐观主义，因为它意味着一种乐观态度：未来的模式会超越现有的模式。

寻求更佳模式强化了整合思维的立场。因为整合思维者把对立模式的存在视为更佳模式一定存在的证据，所以寻找和享受对立模式。与厌恶其他模式的现有模式的捍卫者不同，更佳模式的寻求者厌恶现有的单一模式。他们能在各种模式的复杂性中发现价值，总是耐心等待更佳模式的出现，而不是去捍卫现有模式。

我采访的很多整合思维者都是直率的、有意而为的更佳模式寻求者。红帽软件公司的鲍勃·扬喜欢接受非传统智慧的挑战和启发。“当其他人不计成本卖掉所有资产时，”扬说，“这就是我应该买入的信号了。”[8] AIC 资产管理公司的李秦对于不受待见的股票也有类似的看法。[9] ICICI 银行的 K.V. 卡马特是一个高级工程师，但也不相信技术领域的标准经验法则。他在 ICICI 银行的目标就是要让 ICICI 银行的 IT 能力达到国际同行水平，但花费的成本只能是同行的十分之一。这意味着，他对 IT 部门提出的要求是，放弃采用打造和管理银行 IT 基础设施的标准模式。[10]

也许最具说服力的代表者要数加拿大黄金公司（Goldcorp）前首席执行官罗伯·麦克尤恩（Rob McEwen）。[11] 麦克尤恩在传统的金矿开采行业非常有名，因为他将 Linux 运动提倡的开源风潮应用到了采矿行业，甚至不止如此。他还把黄金公司在红湖（Red Lake）矿区的地理信息全部放在互联网上，并进行悬赏，奖励准确提出黄金公司应该在哪个位置开采黄金方案的人。竞争对手认为麦克尤恩完全疯了，但这并没有让他退却。来自互联网的金点子改变了黄金公司在红湖矿区低效的开采局面，使之成为行业最高产的黄金矿区。

麦克尤恩讲述了这一决策背后的想法，非常具有说服力。“我正在寻找根本的、未受质疑的信念，这一信念是行业中每个人都一贯深信不疑的。如果找到了这种信念，然后加以质疑，那么就能逐渐看到机会。如果你对问题的定义不同于行业的其他人，就能提出别人根本想不到的好主意。”

麦克尤恩的看法暗含着天生的乐观主义，认为一定存在着更好的方案。为了培养类似的思维方式，我们必须首先意识到我们天生倾向于捍卫现有模式，然后，需要将寻求更佳模式视为一种更合理的认知方式。

第一步就应该审视个人信念，思考该如何以及为什么要捍卫它。通常会发现，我们是在用捍卫现有模式的方式来支撑已有的信念。比如，我们通常诉诸权威来捍卫信念。“我知道它是真的，因为那是上帝说的。”这就是捍卫策略的一个典型例子。援引神圣权威就巧妙地阻止了任何寻求不一致或相反证据的企图，因为这种寻求相当于亵渎神明。

循环论证是另一种颇受现有模式捍卫者欢迎的辩护策略。“我知道，那笔交易对他是很公平的，因为我是一个公平的人。”这一论证策略就将犯错的责任归于感觉待遇不公的人。

大多数人没有仔细审视就接受了自己的信念。我在罗特曼管理学院讲授整合思维课程时告诉学生，必须要学会审视信念背后的逻辑。结果，他们通常很惊讶地发现，自己一直信以为真的认知模式实际上几乎没有任何证据，或者无法证实。

立场 4，我能发现更好的模式

比起教授人们看待世界的 3 种立场，教授涉及自我立场的 3 种陈述则要难得多。尽管人们可能认为，成为更佳模式的寻求者很好，也很想成为这样的人，但愿望并不会自动产生想要的结果。实际上，经验是最好的老师，因为只有通过经验，我们才能相信寻求更佳模式是正确的；也只有通过经验，我们才能获得技能和信心，能够发现更好的模式，处理好复杂性，让自己更具耐心。虽然学生们经验不足，但我们可以教会他们反思，进行有意识的、系统的思考。通过反思，他们可以学会如何思考，从而更好地做出决策。他们可以学会分析做决策背后的认知模式，比如，哪些是重要的因素，它们可以得出哪些因果关系。通过分析决策过程，学生可以意识到，他们是在设计解决方案时专注于整体问题，还是像大多数人那样，只强调某些细节，而忽略了整体问题。

为了从决策及其后果中学习，我们必须事先就搞清楚决策过程。心智具有强大的能力，能将已经发生的事情合理化。如果事情的进展不如预期，我们就会彻底忘掉导致决策的初衷，告诉自己：事实上，意料之外的结果正是一直想要的结果。

公司管理者每天都在这么做。他们做出投资决策，希望获得良好的结果。当结果令人失望时，他们就会说服自己，不会有比这更好的结果了。事实上，这一结果正是他们预期会发生的。打破合理化机制的唯一方式就是，记录下自己的决策思维过程，以及希望获得的结果。这样，将实际结果和预期进行比较就非常简单了。结果和预期之间肯定会有差异，差异为我们审视自己的思维过程和品格缺陷提供了有价值的信息。我认为，品格缺陷是自我立场的产物。

我要求学员（其中有些人是公司高管）通过探索对立模式中的两难困境来练习寻求更好的模式。最近，我为一家大型企业的全球人力资源团队开了一个整合思维研讨班。他们的两难困境在于，是集中使用公司的全球培训和发展资源，还是以地区或业务为单元分散使用这些资源。

我先让他们把这两种选项的逻辑反向思考。通过逆向思维，我希望他们能追溯决策过程：从重要因素到因果关系，再到架构，最终得出结论。不过，我想先让他们逆向思考，从结论回溯到重要因素。

当团队用逆向思维去审视给定模式的前提假设时，很重要的一点是要让团队成员专注于思考哪些因素能让给定模式变得有效，而不是捍卫自己已有的想法。这样做，他们就不会急于证实或否定某个模式的正确性了。

在这个案例中，逆向思考显示，集中模式必须具备某些因素，才是有效的。比如：各个区域的培训需求必须是大致相同的；尽管集中培训的组织者与各个区域有很大的地理和文化差异，也必须非常熟悉每个区域的需求；集中培训的组织者还必须让区域培训部门也能发挥作用。

分散模式则必须具备其他条件。单独的培训中心必须能维持合理的培训成本，因为它缺乏集中培训的规模效应。各个培训中心必须确保在公司整体的培训和发展内容方面保持高度的一致性。它们必须与公司人力资源部门保持非常紧密的联系，确保培训工作符合公司的诸多要求和优先顺序。

然后，我们要求参与者整理两组信息。一组信息支持每个要素的陈述，而另一组信息反对每个陈述。找出否定或相反的信息对于该练习而言至关重要，因为我们希望避免掉进捍卫现有模式的陷阱。

如我所料，所有人都发现，没有哪一种模式是完美的。有些信息支持某个要素的某一方面，有些信息则否定了它。比如，很显然，集中培训的组织者不大可能获得区域培训部门的支持。后者认为，集中培训的组织者不够灵活，不理解区域培训的需求。类似地，分散模式显然也无法保持公司要求的作为整体的一致性，从而形成统一的行为标准。当否定的信息如此明显地摆在人们面前时，每种模式的捍卫者都承认，他们对某种模式的偏爱是有问题的。

在练习的尾声，团队终于有了更清晰的理解，最初偏爱的模式都是不完美的。于是，他们就真正意识到了一定存在更好的模式，等待他们去发现。更重要的是，逆向思考两种模式背后逻辑的过程，帮助学员看清了偏爱的模式都只是对现实的构建，而不是现实本身。当他们理解了这一点后，就更容易接受这种可能性：有可能发现或设计出更好的模式。

学员们逐渐意识到，集中模式不具有灵活性，也不能满足区域的个性需求，而区域模式缺乏一致性和成本优势。他们开始相信，没有必要分别权衡每种模式的优势和劣势，最后二选一。

接着，学员们开始一起设计整合解决方案，以克服两难困境。在做了一些探索和实验、犯了一些错误之后，一个更好的模式出现了：集中培训的组织者将创建一个培训内容的平台。区域部门可以根据平台上的内容去选择适合自己的内容。集中平台会确保一致性和规模经济效应，而区域部门则选择适合区域需求的培训内容，区域部门要被赋予一定的掌控权，这对于工作的成功开展是至关重要的。

事后看，这一方案似乎很简单。然而，在我们练习逆向思维之前，学员们没有提出更好的解决方案。如果人力资源部门的员工采用捍卫现有模式，学员们就不太可能会发现新的方案。他们只会看到支持自己偏爱的模式的有利证据，而无视其缺陷和他们放弃的模式的各种优势。通过采用寻求更佳模式，学员们能够客观分析对立模式，获得新的洞见，从而设计出新的模式。发现新的更佳模式让学员们有了更大的信心，他们意识到，不仅存在着更好的模式，而且完全有能力发现它。

立场 5，向复杂空间探索

为了建立应对复杂性的信心和技能，从而像维多利亚・黑尔那样提出新的方案，我们也在罗特曼管理学院教学生学习逆向思维。学生们从结果出发，回溯到产生了结果的行为，再回溯到产生了行为的思考过程。我们把这一顺序称为 TAO：思考（Thinking）→行为（Actions）→结果（Outcomes）。

为了教学生如何遵循这个 TAO 顺序，我和同事让他们玩了一个标准的商业模拟游戏。游戏由 8 个团队或公司组成，每一组的起点都是相同的。他们将玩 4 个阶段，代表每家公司运营了 4 年。每个团队在 4 个区域中选择 1 个，在这个区域生产虚拟产品，考虑要生产多少产品、投入多少广告费、在研发上投入多少资金、如何设定产品价格，等等。简而言之，每个团队必须在复杂的环境中设计一系列复杂的事件，而且必须在有限的时间内完成。[12] 每一轮他们都要提交设计的新选项，然后电脑将模拟计算出最终的结果。

与很多商学院的模拟训练不同，这是一个复杂而模糊的游戏，无法事先确定正确答案。但显然，每个团队的输赢在一定程度上由其他团队的结果而定。

情况是学生们绝没有想到的。在完成游戏之后，我们让每个团队挑选一个认为最失望的结果，然后问他们，是什么行为导致多数人选择了这个不满意的结果？是什么思维方式导致了这样的行为？

从结果倒推行为的过程，能让学生发现错过了哪些重要信息，或忽略了哪些关键的因果关系。一个团队对第三阶段的销售表现很不满意。团队成员在分析产生糟糕结果的行为时发现，设定的价格太高了。结果，他们失去了市场竞争力。

那么，是贪婪导致了定价失误，还是团队忽略了一些重要的市场信息所致？在回想因果关系时，他们意识到，误解了先前阶段出现的定价信号。他们原以为，其他团队都会直接提高价格，但事实上，有些团队在第三阶段选择了价格战，以提升销量和市场占有率。由于没有考虑竞争环境中的复杂性和重要因素，该团队的结果很不理想。

学生对这种思考过程学得非常快。首先，他们知道了自己以前没有认真思考过思维过程。其次，他们明白了，反思是很难的。各个团队都发现，要做好思考→行为→结果是很难的，甚至做好行为→结果都是很难的。通常，当结果发生后，那些应该为该行为及其结果负责的人很快就忘了自己做了些什么，然后把注意力放在接下来的一系列行为上了。如果说从结果回溯行为是一件很难的事，那么进一步回溯产生行为的思维方式就更难了。无论他们的年龄大小或成绩好坏，很少有学生经常反思自己的思维过程。

最后，他们明白了系统地反思自己的思考方式，是改变思维方式的有效方法。当学生们完成了逆向思考时，我们经常听到他们惊呼：“我们当初是怎么想的啊？”这种深刻的怀疑和洞见来自对思维过程的思考。

我们有很多的学生，当同时模拟两个游戏时，思考思维过程能带来更多的收获。每个团队在第一个阶段必须做出的关键抉择，就是确定在哪里建工厂。每个团队仅能建一个工厂，工厂只能扩大，不能迁移。这时，学生们将再次领教到考虑其他团队潜在选项的重要性。如果缺少这种考虑，明显的选项就是在北美建厂，因为北美比其他 3 个地区拥有更大的市场，并且平均物流成本也较低。

不过，我们同时在模拟两个游戏。在第一个游戏中，4 个团队把工厂建在北美，3 个在欧洲，1 个在亚洲。结果表明，这是一个效果不错的组合。在第二个游戏中，8 个工厂都建在北美，结果造成了激烈的市场竞争。第二个游戏中的团队都没有获得足够的利润，因为他们陷入了恶性竞争，不断打价格战。而第一个游戏中的团队，由于建厂地址比较分散，产生的总利润是第二个游戏团队的两倍。

在接下来的讨论中，产生较低利润的团队意识到，他们没有考虑选址带来的竞争后果。事实上，他们甚至没考虑过竞争会侵蚀利润。他们只是意识到，利润低于理想状态，因为第一个游戏中的团队比他们赚得多。只有当他们面对糟糕而反差巨大的结果时，才有动力去思考自己的思维过程和由此导致的行为。那时，他们才会意识到，得到的结果在很大程度上取决于其他团队的决策。这是他们学到的深刻教训，也就是一定要考虑到问题的复杂性。这个教训让他们明白，可以通过经验学习来应对复杂性。正如一个学生所说，这真是“一件好事，因为幸好我们没有用真钱来经营”。

立场 6，给自己充足的探索时间

也许，在讲授立场方面的内容时，最难教的部分要数“如何才能具有耐心”了。关于这个问题，妈妈的话一直回响在我耳边。每当她试图让我别不耐烦时，她也经常没有耐心，她会说：“耐心是种美德，有耐心的女人很少，而有耐心的男人根本没有！”

让学生学会具备耐心的唯一方式就是，不给他们充分的时间，让他们得到失望的结果。你以为，人力资源高管团队和 MBA 学生在商业模拟游戏中系统反思了自己的思维过程之后，就会突然获得无畏应对复杂性的能力，并给自己充分的时间来创建更好的模式吗？几乎不会。这些模拟练习只是为他们具有整合思维者的立场奠定了基础，让他们通过探索自己的思维方式，更了解复杂性。通过理解糟糕结果有缺陷的思维过程，他们明白了为什么付出心智和情绪上的努力去接纳复杂性，并花时间来创建新的解决方案是很值得的。

THE OPPOSABLE MIND

06

要素二，工具，在事物间建立联系

给我一个支点，我就能撬动整个地球。

——阿基米德

精算师们总是自嘲，他们很像会计，但没有会计的热情个性。精算师塔迪・布莱彻（Taddy Blecher）给人的第一印象似乎很符合这种形象。他是南非社区和个人发展机构城市校园（Community and Individual Development Agency City Campus，简称 CIDA）的创始人，在 1990 年获得过南非精算科学大赛金牌。他身材瘦小，戴着厚厚镜片的眼镜，身上皱巴巴的衣服和脚上的一双跑鞋体现了他喜欢时尚。然而，他一开口说话，这种印象就被打破了：

> 当人们说“你们做不成这事”并给出各种理由时，我们就要证明实际上能做到。你可以将孩子从贫民区拯救出来，帮助街上走投无路的人，帮助家庭破裂的人，帮助生活困顿的人，从而打造一个更美好的新社会。
>
> 这些事情听上去如此艰难，几乎不可能得到解决。但实际上，它们是可以解决的，它们是可以解决

的！我们有很多方式为撒哈拉以南的非洲人民创造福祉，我们可以为人们提供很多工作机会！[1]

当布莱彻说话时，听众全神贯注地盯着这位曾是精算师的社会企业家。当他话音落下时，听众似乎感到若有所失，就像教会活动中希望灵魂得到拯救的人，一起走向他，志愿为他创办的大学服务。所以，也许是因为布莱彻极具个人魅力，才说他不符合人们对精算师的传统印象。

就像其他整合思维者，布莱彻也遇到过危机，他在完成使命的过程中碰到了不可接受的两难选择。那是在 1999 年的南非，有大量年轻的黑人没受过教育。种族隔离的结束为这些年轻人提供了新的政治机会，但他们没钱读书，因此享受不到这个机会。在年轻黑人中，失业率超过了 40%，他们很少有机会提高自己的受教育程度。这是一个非常严重的问题，南非只有 6% 的人接受过大学教育。

布莱彻想要给自己的年轻同胞们提供受教育和过上更好生活的机会。他面前有两个方案可以解决这一问题：传统的“面对面”教育，或者更新式的远程教育。布莱彻说：“两种方式都有各自的显著优点，但在撒哈拉以南的非洲也都有非常明显的弱点。”传统教育模式是有问题的，因为只针对少数的白人群体，而这些人在符合读大学条件的人口中只占了很小的比例。南非有 440 万白人，只占 4 700 万人口的 9%，其中 65% 的白人上了高中，而占人口总数 75% 的黑人中，只有 14% 的人上了高中。

现有的教育基础设施严重落后，不能容纳未接受教育的年轻黑人。[2] 除此之外，还要考虑他们接受教育所花费的成本。大学教育每人每年要花费 5 000 美元，这个数字是大多数黑人家庭都负担不起的，政府也无法为所有黑人负担这一成本。

至于远程教育，这种方式在发达国家完全没问题，因为发达国家有完善的教育和教学基础设施。即便没有教授的亲自指导，有强烈的学习动机和准备充分的学生仍能通过强大的社交网络接受良好教育。但之前的种族隔离让南非的黑人学生不具备坚实的教育基础。他们几乎没有相互支持的社交网络，身边也几乎没有模范榜样，因为他们几乎都是所在家族第一个接受中学教育的人。“我们必须提出第三种模式。”布莱彻决定。

布莱彻凭借着技术、创意和纯粹的灵感，提出了第三种方案，为年轻黑人提供了传统的面对面教育为南非年轻白人所提供的支持、教导和纪律。他首先要解决的问题就是教育成本问题。布莱彻非常乐观，并没有把缺乏资金当成是一个巨大的障碍。“主要的问题不在于资金，我们更需要有不同的想法，要更有创造力，更有智慧，从而能把这件事情从无到有做起来。”

校园建设本身就体现出布莱彻从无到有的方法，学校建在以前约翰内斯堡商业中心一家投资银行的总部所在地。这个地方被捐给了 CIDA，因为它的所有者认为，约翰内斯堡市中心的商业已衰落，大多数租客都逃离了这充满暴力的地方，它已经毫无价值了。[3]

学生们可以通过打工降低教育成本。他们一天可以上课 8 ～ 9 小时，下课后可以去当厨师、清洁员，做一些校内的后勤和文书工作，从中他们还能学会以后工作所需的技能。读建筑专业的学生帮助打造学校的各种设施；学农业的学生为餐厅种植食材；学旅游的学生可以经营酒店。学校课程主要针对商业经营和创业，这些课程由当地的高级管理者以公益服务的方式免费提供。有些公司还向学校捐助电脑、书籍和设备。

这些颇有创意的节省之道，让 CIDA 每年投在每个学生身上的教育成本降到了 1 000 美元，这正是公司和个人捐助者能够承受的赞助成本。其他资源仍然匮乏，但哪怕是最严重短缺的物资也能通过布莱彻极强的从无到有的能力得到解决。在 1999 年 CIDA 开学那一天，布莱徊仍然没收到赞助商承诺捐赠的电脑。没关系。他给每个学生发了一张键盘的图片，让他们使用图片来学习打字。当电脑最终在几个月后到位时，学生已经能很流利地在电脑上打字了。

整个大学社区从无到有，被建成了一张社会支持网络。每个大学生都要从以前毕业的高中“领走”30 个学生，帮助他们做好入读 CIDA 的准备。在毕业之后的 5 年内，CIDA 期待每个毕业生都能为 CIDA 在读大学生提供奖学金。根据布莱徊预估，从 1999 年建校以来，各方面的拓展努力已经让 60 万个南非年轻人在 CIDA 接受教育。

不过，CIDA 的规模仍然很小，只有 15 000 个全日制四年期大学生，外加 15 000 个参加短期职业培训的学员。但这已经实现了布莱徊的战略目标，他说，他的目标就是“打造一所大学，然后围绕它打造一个经济和社区生态圈。它完全可以自给自足，也能自我循环，因为它本身就产生了大量的经济行为”。目前 CIDA 运转良好，符合布莱徊设想的新模式大学的样子和愿景。

学校的愿景手册上写着：“CIDA 的愿景，就是创建一个先进的、聚焦财务的、享誉世界的一流教育机构，在每个领域取得显著成果，包括学术水平、个人发展、校友资源、创新、成本效益、学习效率、技术支持的学习、运动和文化，以及社会变革。”

布莱彻的事业受到了关注。CIDA 作为最具创新性的机构赢得了南非 2002 年的“创新时代”大奖，布莱彻也被世界经济论坛于 2002 年和 2006 年分别评为“明日全球领袖”和“斯科尔社会企业家精神奖”。在与他的对话中，我感受到，他之所以愿意接受外界的认可，是因为获得各种大奖有助于传播他打造的基于撒哈拉以南的非洲的教育系统的愿景。

你可能已经发现布莱彻也具有典型的整合思维者特质。在他看来，现有模式只是模式，每个模式都能提供有价值的信息。但他相信，还存在着一种更好的模式，并且可以找到这种模式。这一探究过程是复杂的，会要求他耐心一些。但他也有信心会找到这一方案。

我们会探讨布莱彻在创建新的大学教育模式时使用过的工具。我认为，他使用了整合思维者经常使用的 3 种有效工具中的两种：生成式推理（generative reasoning）和因果建模（causal modeling）。我还研究了第三种工具，即断定式质询，并为有追求的整合思维者提供了一些经验教训。

工具 1，生成式推理

生成式推理是一种探究可能性而非实在性的推理形式。生成式推理有助于为提出创造性解决方案构建框架，该框架足够稳定，经得起现实世界的严格考验。

大多数人从来没学过生成式推理法。西方教育理念强调断定式推理法（declarative reasoning），这是判定一个给定命题真假的一种方法，它主要运用演绎逻辑和归纳逻辑。这两种逻辑既主导了教育领域，又主导了商业领域。

演绎逻辑的核心是“应该是什么”，这是多数人学到的第一种推理方法。它建立了一个框架，并用该框架去解决问题。我们在生物课上学到，哺乳动物是恒温的脊椎动物，通过胎生实现繁衍。当老师问熊是否是哺乳动物时，我们用演绎逻辑来检验该命题的答案。熊是通过胎生来到这个世界的吗？是的。它们是恒温动物吗？是的。两个条件都满足，因此，我们可以断定熊是哺乳动物。

现在，让我们采用演绎逻辑来验证蛇是否是哺乳动物。它是胎生的吗？不是，蛇产卵。它们是恒温动物吗？不是。因此，蛇不是哺乳动物。鸟类呢？它们符合其中一个标准，是恒温动物，但不符合另一个标准，因为它们产卵。因此，鸟类也不是哺乳动物。

大多数人学到的第二种逻辑是归纳逻辑，即“何为有效”的逻辑。它是从经验观察中推出一般规则，并得出结论：什么正确，什么不正确。我们每天看见太阳早上从东方升起，而从来不从西方升起，就从这一大样本信息中推断出太阳总是从东方升起。这就是归纳法。我们在商学院学到的市场调研技术也是归纳推理的一种应用。如果我们调查了消费者，并且调查样本数量具有统计意义，就能从这一大样本信息中得出结论，掌握消费者的真实需求。

多数人都在接受正规教育的过程中学会了熟练使用演绎逻辑和归纳逻辑，它们都属于断言式推理，即判定一个命题真假与否的方法。我们几乎没有接触过另一种同样有用的推理方法，即模态推理（modal reasoning）。它运用逻辑来探究什么可能为真，而整合思维者正好需要思考什么可能为真，思考那些尚不存在的模式，从而提出创新性解决方案。

模态推理利用了演绎逻辑和归纳逻辑，但还需要第三种逻辑，即查尔斯·桑德斯·皮尔士所说的溯因逻辑（abductive logic）。他利用这种逻辑解释他提出的“创造性构建理论”（inventive construction of theories）。[4] 对皮尔士来说，演绎逻辑和归纳逻辑都不能完美解释全新的模式是如何产生的。演绎逻辑在一种既有的理论或模式的基础上进行推理。归纳逻辑则试图从重复的经验或观察中做出推断。但皮尔士发现，发明和创造需要另一种逻辑，以使“思维出现飞跃”。

从本质上讲，溯因逻辑希望寻求最佳解释，也就是说，它试图创造最佳模式来处理不符合现有模式的新信息或有趣的信息。随着时间推移，演绎逻辑或归纳逻辑可能会证明某个模式是真还是假，但溯因逻辑会提出对信息的最佳解释。这就是为什么我把采用溯因逻辑的过程称为“生成式推理”。这一过程探究存在哪些可能性，因此它属于一种有意图的模态。它运用溯因逻辑，“提升”这些新信息，从而创建了一种新模式。

商业是最常应用溯因逻辑的领域。企业管理者和斯坦福大学管理学家吉姆·马奇和同事观察到，通常人们只用很少的信息就做出了重大决策。由此，马奇推测出这正是企业很少创造出畅销产品的原因。企业想通过创新提高回报，但由于几乎没有创新的文化和历史，管理者就没有足够的信息通过归纳逻辑来为创新提出最好的模式。没有成熟的创新模式，企业就无法运用演绎逻辑来判定某个创新产品的可靠性。[5] 这是企业常见的创新问题，因此，企业亟须学会生成式推理，从而实现创新的飞跃。

在西方，学校并非完全不教模态推理和溯因逻辑。有些设计学校教学生调查用户需求，学生根据这些尚未被市场发掘的用户需求，就可以创新设计方案，来满足市场需求。但几乎所有商科或其他左脑学科（即高度理性、量化和系统化的学科）都还没有大量讲授生成式推理。

当很多同行认为生成式推理不可靠时，整合思维者却已经接受了这种推理。他们认为，这种方法在理念上是有效的，而且从实践角度讲，也是唯一能提出创新方案的方法。生成式推理有利于不断地试错，而试错正是提出创造性方案的组成部分。当整合思维者通过多个原型和迭代来解决问题时，他们使用生成式推理。这时，有很多信息是不充分的，他们从最终方案逐步回溯到架构、因果关系和重要因素。大型机构也许还没有意识到生成式推理是有效的探索模式，然而它们需要依赖这种推理来维持长久的市场竞争力。

布莱彻关于 CIDA 的很多推理都能用生成式推理来解释。像其他观察者一样，他发现，南非的大多数黑人都很穷，没受过教育，而且心灰意懒。但他还发现了别人没发现的现象：在良好的环境下，年轻的非洲人也能过上美好生活。只要伸出援手，很多人就能脱离令人绝望的环境，然后反哺原来的社区，从而让南非发生积极的变化。他发现，其他国家，比如印度和中国，都取得了快速的社会和经济进步，他相信非洲没有理由做不到这一点。布莱彻已经看到南非的企业家们创造了以前从未创造过的财富和机会。作为整合思维者，他运用溯因推理，在各种信息中发现了新的模式。

布莱彻总结说："发放宣传册或物资，并不能最终改变贫穷的状况，只有教导人们如何创造财富，激发企业家精神，才能帮助人们实现自我拯救。我们所做的不只是建立一所大学，而是帮助人们重新建立起对生活的信心。"

实际上，布莱彻并没有充分的信息知道，是应该把 CIDA 的愿景当成他的人生使命，还是应该把 CIDA 当成实现自己人生使命的途径。他无法事先判断，也无法从既有理论或信息中通过演绎或归纳的方式得出结论。这需要他的心智做出实质性的飞跃，推断出可能会实现的结果。接下来，看看在实践中如何应用生成式推理。

我和同事试图教会 MBA 学生和高管掌握生成式推理法。我们教他们如何寻求新的洞见，即超越了现有模式的洞见。然后，让他们利用这些洞见设想新的模式。我们还教他们如何提出原初模式，并在每一次迭代过程中通过搜集更多的信息，不断完善心智模式。很多学生觉得溯因推理很难，甚至觉得它是错误的推理方式，因为他们习惯了把演绎逻辑和归纳逻辑视为有效的两种推理形式。当他们意识到，生成式推理并没有毁掉成功时，我们很高兴地看到他们开始逐渐接受这一方法。实际上，这种推理形式为他们打开了新的可能性之门。

我们教高管团队用他们在日常经营中的两难选择，作为建模的挑战。有一组高管团队来自美发行业，他们希望扩大护发产品的市场。有天晚上，我们安排他们参观了一家美发店，并观看了一些女客户的美发过程。第二天早上，高管与这些女客户进行了详尽的访谈。

这一练习的目的在于，让高管对客户的美发体验有更深刻的理解。我们向高管强调，不希望他们借此获取足够大的样本，而是希望他们通过几个终端客户形成对产品更深的理解。然后，我们让他们用这些有限的信息设想满足这些女客户需求的新方式。换句话说，让他们从获得的理解中反向推断出“最佳解释”，即哪种产品可能比现有市面上的产品更能满足客户的需求。我们与他们一起设计了初步方案，然后不断完善新版本，直到该方案可以被用于接受目标客户的检验。

MBA 学生则通过公司或非营利机构面临的挑战案例来学习溯因推理技能。正如美发行业高管所做的那样，MBA 学生也要做一系列的工作，目的在于更深刻地理解某个产品或某项服务。然后，我们让他们想象服务客户的新方式，并在大脑中设计新产品或新服务的一系列初步方案。

MBA 学生和经验丰富的高管通常觉得这些练习难度很大。他们都认为这个世界是确定的，演绎逻辑和归纳逻辑能够证实他们想要的确定性。要求他们尽力搜寻可能摧毁他们这一信念的信息，让他们感到非常不安。不过，随着心智训练的深入，他们在面对不确定的信息时开始变得不那么具有防御性，更愿意从新发现的不同信息中探索新的想法。原本是让他们畏难、不安的一项训练，最终变成了一个令人愉悦的思维游戏。

工具 2，因果建模

布莱彻还阐释了整合思维者的第二种工具，即因果建模。复杂的因果建模是整合思维中间两步的关键部分。回忆下构建因果关系阶段，整合思维者必须考虑重要变量之间的非线性和多维度的因果关系。在架构阶段，整合思维者必须既将因果关系相互作用的结构牢记在心，又解决个别问题。

为了建立复杂的模型，我们需要有意识地获取工具。不过，不必为了建立基本模型而刻意这么做，毕竟，我们天生就是建模者，“缺省设置”能将我们的各种经验整合进各种思维模式中。麻省理工学院斯隆商学院教授、系统动力学的领军人物约翰·斯特尔曼说："问题不是'建模还是不建模'，而在于，究竟要建立哪一种模式。大多数时候，你只是没意识到自己使用的模式而已。"[6]整合思维者不同于常人的地方在于，会有意识地选择自己要使用的模式。

有两种因果形式对于因果建模非常重要。

- 第一种是实质性因果关系，也就是说，在某些条件下，*x* 导致了 y 的发生：如果我们让产品价格低于竞争对手的价格（*x*）10%，我们的市场份额（y）就会上升。
- 第二种因果形式是目的式因果关系，也就是说，我们想要了解 y 的目的是什么，或者为什么我们想要 y 发生。

假如你是首席执行官，希望通过扩大市场份额来提高公司产品销量，获得良好的经济效益。对于因果建模者而言，物理式因果关系和目的式因果关系都是事物相互作用的方式，并能影响建模者想要的最终结果。物理式因果关系的例子是，我们如何知道如果按下这个按钮，就关闭了核反应堆。而目的式因果关系则是理解过程，通过该过程，我们知道了如果想关掉核反应堆，就应该按下这个按钮。当关闭核反应堆的想法驱使我们按下按钮时，就使用了物理式因果关系来实现目的式因果关系。我们的目标是要改变现状（一个运行中的热核反应堆），让它变成我们想要的最终状态（一个冷却的核反应堆），而我们是通过已知的物理式因果链条来做到这一点的。

对布莱彻而言，现状是很不令人满意的，心灰意冷的年轻黑人既没有希望，也没有机会。他想要的最终状态是，他们能具备自尊和能力。他作为整合思维者的任务就是构建一种因果模型，将现有状态变为预期状态。

布莱彻设想的物理式因果关系是授人以渔，让学生能够更好地理解所在的世界，并为之做出贡献。“这一过程的确需要让学生建立起自我掌控感和自信心。”他解释说。但这一物理式因果关系需要一系列苛刻而具体的条件来实现。“它需要一种特殊的教育模式，这种模式能体现出极大的爱、极高的整体性，并且真的可以给予学生机会来彻底改变他们对自己的认知。”

布莱彻构建了一个具体的因果模型，该模型体现在他打造 CIDA 的各种行为之中。他作为整合思维者面临的挑战在于，需要深入细致地想象各种因果关系，并且这些因果关系与现实世界是相符的。当面临这一挑战时，某些工具包括系统动力学（system dynamics），就能帮助改进因果建模。

系统动力学是一种呈现复杂系统行为的理论，由麻省理工学院的杰·福雷斯特（Jay Forrester）于20世纪60年代提出。这一理论最初应用于工程领域，后来被用于商业领域。[7] 系统动力学认为，人们所做决策的后果通常是令人失望的，因为忽略了重要的因果关系，同时常常假设这些因果关系是线性的、单维度的，但实际上它们是非线性的、多维度的。

系统动力学首要关注了一种因果关系：能够在不同变量之间加速相互作用的多维度反馈循环。例如酒店开发商在某地开了一家新酒店，原本以为新酒店会有很高的入住率，却很沮丧地发现实际上没有预期的那么高，因为很快出现新的竞争对手，增加了市场供给。管理者的通常反应就是削减成本和价格，但这么做很有可能损害酒店的品牌形象，进而降低入住率和利润率。新一轮的价格战则可能进一步降低入住率和利润率。如此往复，新酒店很快就可能面临破产。

系统动力学专家把这种现象称为“加速反馈循环”。一个人如果没有想象非线性、多维度因果关系的能力，就不可能建立起精确或有效的动力模型。

在建构模型的过程中，系统动力学工具能帮助整合思维者考虑复杂的因果循环，帮助他们从整体入手而不是从局部开始建构模型。事实上，在系统动力学中，人们必须从整体看问题，从而抓住和理解所有相关的因果反馈循环。

实际上，布莱彻在打造 CIDA 的过程中就体现了这种反馈循环。他的自我维系、自我发展的大学社区理念，以及让学生参与社区商业经营的想法，都假定了在教育和商业之间存在反馈循环。当然，还有另一种反馈循环，那就是每个学生都要从原住社区中认领和帮助 30 个高中生。此外，布莱彻喜欢从无到有创建事物，形成了第三种加速反馈循环，这种循环会让少数资源产生更多的资源，从而形成良性循环。布莱彻真是有点石成金之力啊。

因果建模和生成式推理结合在一起，就组成了整合思维者最有效的思维工具之一。生成式推理试图考虑那些不符合现有模式的信息，从而建立新的模式。建立新模式的一种工具就是乔治·拉考夫（George Lakoff）和马克·约翰逊（Mark Johnson）所谓的“径向比喻”（radial metaphors），即一个人提出了一种比喻，并且围绕这个比喻建构一个模型。[8] 比如，人们通常使用一些不同的比喻来形容商业机构。有些比喻把商业机构类比为一个体育竞技团队，员工是运动员，商业竞争是体育比赛，商业规矩和商业伦理是比赛规则，客户就是球队粉丝。还有一个常见的比喻是以家庭作比，高级管理者是父母，员工是孩子，企业的任务就是培养孩子，企业的资源就是爱和情感，而资源分配则基于行为表现。当然，还有其他的比喻，比如，把企业比作军队、市场或生态系统。

径向比喻工具能在两个方面帮助整合思维者。

- 首先，它能用一种有助于构建新模式的方式帮助整合思维者设想即将到来的情况。
- 其次，帮助人们完成一项艰巨的认知任务：从连贯而整体的角度看待问题，同时又能理解具体问题。

在打造 CIDA 的过程中，布莱彻的径向比喻是将学校比作家庭。CIDA 是有爱心和有能力教养孩子的父母，而学生则是孩子，他们的健康成长依赖于父母给予的爱。布莱彻非常清楚爱和情感在他的教育愿景中扮演的角色。但爱和管教是不可分割的。如果学生想要持续获得学校给予的爱和教育，就必须遵守 CIDA 的很多规矩。

布莱彻对 CIDA 的因果建模可以从 3 个层面来分析。最基本的层面是目的式和物理式因果建模的结合（年轻人能够通过接受教育获得希望和自尊）。在中间层面，布莱彻建立了一个动力学系统，该系统充分利用了循环效应，在开心、有动力和成功的学生与他们生活、工作和社交的社区之间建立起了良性循环。在第 3 个层面，布莱彻运用径向比喻，将 CIDA 比作家庭。

基于这 3 个层次的因果关系，布莱彻利用了其他人没看到的信息和因果关系打造了一个全新的模式，解决了两难问题。这 3 个建模层次让他在相关的不同变量之间看到了基本的因果关系，进而发现了更复杂的关系，最后在脑海中形成了整体图景，同时解决了具体的问题。

在罗特曼管理学院，我让学生们练习这 3 个层次的因果建模方法。最简单的练习就是让学生对自己的模式进行逆向思考。他们先选择一种信念，比如更高的学业分数有助于获得更好的工作，或者选择一种行为，比如每周五的早上开团队会议，然后将该信念或该行为背后的因果关系进行分解。这可以让他们意识到，是如何在无意识的情况下使用因果建模的，而且可以显示如何通过清晰地理解整个建模过程改进模型。

然后，学生互相采访，以了解别人的因果建模背后的具体信念或行为。这需要猜测另一个学生得出具体结论的逻辑，很多学生都认为这个练习非常有挑战性。有个学生采访了女性朋友，想了解她为什么要在婚礼前几周与未婚夫解除婚约。采访者认为女性朋友的因果模型主要是从实用和功利角度来考虑的，她想解除婚约的理由是，双方的职业差异太大和双方想在不同的城市工作。

但在与受访对象讨论决策模式时，采访者很快就发现自己设想的理由是不完整的，也没有说服力，没有考虑强烈的情感因素，而这一因素通常在解除婚约的决策中很重要。

从采访过程中得到的最重要的教训就是，创建因果模型是一件非常困难的事情，因为它必须考虑人性因素和受访对象的愿望与梦想。创建因果模型要求创建者具有开阔的视野，知道哪些是重要的因素，能认知复杂的因果关系，并且既能从整体考虑问题，又能深入探究具体的问题。

在这些练习中，教师的目标有 3 个。第一，希望学生把自己看成有意识的因果建模思考者；第二，希望学生理解，当有意识地思考建模过程时，模型就会颇有成效；第三，希望学生使用诸如系统动力学和径向比喻等技巧来建构复杂的因果模型。

工具 3，断定式质询

整合思维者的第三种重要工具是断定式质询。整合思维者使用这种方法来探究对立模式，尤其是与自己对立的各种模式。

当基于自己的心智模式与他人进行交流时，我们通常会捍卫自己的模式。我们会费很多口舌向对方解释，并驳斥对方的质疑。捍卫自己的模式能让我们对它理解得更深刻，却不能了解他人的想法。事实上，防御立场让我们不能从相反的模式中学到东西，这会错过很多有用的线索。而这些线索只能在不同模式的碰撞中才能产生，可以用于提出创造性解决方案。

避免捍卫模式的做法就是进一步探究，进行有意义的对话。当你使用断定式质询法考察他人的心智模式时，就会发现被忽略的重要因素及没有理解的因果关系。你可能不想采用别人的心智模式，但最没有说服力的模式也能为重要因素或因果关系提供线索，而这些线索能产生新的解决方案。

断定式质询不是论辩式的，不会提出引导式的问题，比如，“难道你不认为……”；或者回避相反的看法，比如，“难道你不认同……”。断定式质询是对他人观点的真诚了解，比如，“请你告诉我，你相信那个看法的理由是什么”；并且试图增进理解，比如，“你能进一步阐述或举个例子来说明自己的观点吗”。断定式质询是在相互冲突的模式之间寻求共识，比如：“你说的观点如何与我的观点结合起来呢？”

断定式质询不是一种挑战形式，但是非常有针对性。它直接探究你的模式和他人模式背后的缘由。断定式质询的目标是了解他人模式中的重要信息和因果关系，然后利用新的洞见，利用他人模式和自己的模式之间的冲突，提出新的创造性解决方案。

断定式质询促进了生成式推理和因果建模。它通过将相互冲突的模式分解成不同的要素，然后把这些要素重新整合成比先前模式更好的模式。断定式质询还通过了解别人的想法，研究和呈现物理式和目的式的因果关系，从而产生更可靠的因果模型。

我和同事试图让学生对他人的心智模式产生好奇。很多学生不愿意了解别人的想法。对他们来说，相互冲突的模式只意味着冲突、伤害和误解。我们的任务是帮助他们正确理解相互冲突的模式，能从这种冲突中获得积极的东西，并能为提出有价值的解决方案做出贡献。

我们通过“个人案例”教学法，想教会学生在面对相互冲突的模式时如何参与建设性的对话。我采用了哈佛商学院退休教授和组织学习理论领军人物克里斯·阿吉里斯（Chris Argyris）的方法和理论。[9] 先让每个学生回忆与别人在观点或看法上发生冲突的情景，这个冲突的最终结果是很糟糕的，因为双方都以自我为中心。也就是说，这个冲突的最终结果一定比学生一开始互动时的预期结果更差。如果在别人看来是失败的结果，但在学生看来是成功的，那么，双方都不会从中学到东西。

参与者要用一两段话解释发生冲突是为了解决什么问题，然后用一两段话解释希望通过沟通能实现什么目标，以及如何实现。接着，要求他们尽力回忆并写下沟通过程中的实际对话，而且以剧本的对话形式呈现出来。

他们在一张纸的右半部分写下实际对话，在左半部分写下关于对话的评论，包括当时没有表达出来的所思所感。最后，他们要写一两段话，反思沟通的结果。

我和同事在每个小组中对每一个案例都进行了将近一小时的讨论。目的是帮助学生诊断沟通过程中的问题，诊断如何在无意间导致了不喜欢的结果，诊断如何才能更有建设性地应对相互冲突的模式。在练习的尾声，我们想让学生更好地理解如何从直接可观察的数据得出更高阶的结论，以及这一过程是如何产生更好的方案，而不是无益冲突的。

现在，分析一个学生的真实案例《一次失败的沟通》，他的名字和背景都做了模糊处理。这个案例的作者是 MBA 学生菲利普，他描述了一次非常痛苦的冲突经历。当每个参与者，包括菲利普，都坚持自己的看法时，最终没有实现菲利普想要的结果。

一次失败的沟通

沟通的目的

本科毕业之后不久，我就和两个跟我背景差不多的朋友创建了一家小型互联网咨询公司。冲突发生在我们创办公司一年多之后。当时公司经营得不错，赚了不少钱，足够让我们享受好几年。然而，过去几个月以来，我们都觉得公司的发展似乎停滞不前了，我们最初想要取得巨大成功的抱负逐渐变成了小富即安的心态。

我和朋友认为停滞的原因是，没有处理好公司的股权结构。那时，公司只有一个股东，名叫丹尼斯，他是我们3个创始人之一。由于一个人来承担公司的运营债务和风险，因此他不太愿意继续采取冒险或大胆的战略，而我和另一个创始人亚伦则希望继续让公司快速成长。然而，尽管我和亚伦从一开始就工作非常努力，也为公司打下了坚实的基础，但现在不再愿意为公司奉献一切，使公司的发展更上一层楼，因为还没有得到股权，股权对于我们的利益和公司的发展而言都非常重要。

沟通的目的就是希望重新分配公司股权，从而一起使公司发展得更好。

我想要实现的目标及希望如何实现

我知道丹尼斯非常有才华，他从一开始就参与创建了公司，成了唯一的股东——“群龙之首”。然而，我们3个创始人都为公司做了同样的贡献，因此我希望股权结构相应调整，比如，丹尼斯、亚伦和我的股权比例可以设定为各占 40%、30%、30%，或者至少比较接近于这一比例。

我希望通过解释理由和观点来实现这个目标。我认为，3 个创始人各自的技能、对公司投入的精力、做出的贡献都是很好的理由。如果不调整股权结构，那么公司恐怕难以进一步发展。

我没有表达出来的所思所感	我们的实际言行
	我：我们需要解决的基本问题是，应该采用哪种股权分配模式。一种是一人独大，另外两个人占较小的比例；还有一种是三个人的比例大致相同，细微的差别反映了不同的技能或特殊贡献。
丹尼斯，是的，你很有才华，持有所有股权，但你不可能靠自己一个人的才华搞定公司的一切。此外，在你完成最后一个学年的学业时，是我带领公司正常运转的。	**丹尼斯**：我认为，目前我对公司的贡献肯定比你们掌管公司对公司的贡献更大。现在是我 100% 持有公司股权，为什么要改变目前的股权结构，让我失去绝对的控制权呢？要是你们两个联合起来对付我，那该怎么办呢？
	我：你注意到了每个人的相对贡献，但我不同意你的看法。我们都为公司付出了很多，而且做出的贡献也是大致相当的。至于放弃控制权会发生什么，你可以换位思考一下，我和亚伦没有股权，这让公司经营变得更糟了！如果你坚持己见，那就是在跟我们作对！

我没有表达出来的所思所感	我们的实际言行
你总是认为自己是公司的“特殊人物”，不是吗？我知道你是一个控制欲很强的人，现在我想搞清楚，你的控制欲到底有多强。	**丹尼斯**：我不会被你们说服的。既然现在我是公司老板，那就是我说了算。无论你和亚伦提出什么理由，都必须接受现状。这些理由不能说服我。
	我：虽然我不能代表亚伦的看法，但我愿意让你一直持有 100% 的股权，与你对公司的实际贡献无关。
	我：现在正处于公司发展的关键时刻，我们希望采取更多的大胆举动，获得更大的回报。如果产生了更大的回报，我希望能得到自己应有的份额。但基本的问题在于，公司接下来准备怎么发展。我的能力可以为公司发展上一个新台阶做出贡献，但如果拿不到应得的股权，我就不打算发挥个人所长了。
丹尼斯，你个笨蛋！你真的这么认为吗？这只是谈判策略，还是你自大得脱离了实际？	**丹尼斯**：我不同意。我认为这个公司在没有你要求的股权重新分配的情况下，也就是让我失去绝对控制权的情况下，也能得到很好发展。
亚伦，你个笨蛋！难道你没意识到，我也在为你争取权益吗？	**亚伦**：现在很清楚了，丹尼斯不愿意让出股权。我对此没有意见。如果他就想这么运营公司，那就由着他好了。
哦，我明白了。你是个优柔寡断的人，你担心的是能不能支付下个月的房租。你真是没有一点魄力！	
	我：如果是这个结果，我相信公司不会有长远的未来，因此我不得不为自己的利益着想，另做打算。

反思

在这次对话之后，不到一个月，我就在另一个城市的大型 IT 公司找到了一份工作。丹尼斯和亚伦仍原地坚守，3 年后当丹尼斯决定去读 MBA 时，公司就面临关门了。亚伦也没有独自经营公司的想法，而是追求其他创造性的兴趣去了。丹尼斯和亚伦靠出售客户资源赚了一笔。在这 3 年中，公司的发展没有达到预期目标，只是新增了一些员工。

我对这件事进行了反思：虽然人人都会从自身利益出发考虑问题，但是否还有更好的方法，可以让他人理解，我的立场实际上也有利于他的利益？毕竟，丹尼斯持有 100% 的股权，这可不是一个很小的比例。面对这种问题，我应该如何思考？或者我现在的思维方式可能是错误的？

从这个案例很容易看出，他们之间的沟通如何强化了菲利普对冲突模式的厌恶。这种沟通不太可能在冲突的模式之间提出有建设性的解决方案。

据菲利普说，丹尼斯把控了整个冲突，坚持认为当前的局面并非不可接受，没有必要改变。菲利普哀怨地问：“面对丹尼斯的思维模式，我还能怎么做呢？”

菲利普的反问是有答案的：在面对对立模式时，不要一味为自己的模式辩护。需要注意的是，菲利普和丹尼斯都没有试图去了解对方的模式。丹尼斯提出了两个反问句，“究竟为什么我要失去当前的控制权”以及“要是你们两个联合对付我，该怎么办”，目的是结束对话，而不是开放地沟通。每个人都在反复为自己的模式进行辩护，都没有显示出任何了解他人想法的兴趣。

菲利普和丹尼斯都是西方教育模式培养出来的优秀学子，能言善辩。每个人都能准确全面地为自己的想法辩护，并认为目标在于说服对方接受自己的看法。在对方不接受自己看法的情况下，每个人都进一步强化辩护，或者进一步拒绝理解对方的想法。他们给对方发出的信号是，彼此都完全不在意对方的关注点、假设和重要信息，而这些东西恰恰形塑了对方的想法。

菲利普发起的这场对话显然是带有火气的。菲利普与我们分享了他没有说出来的内心想法，因此我们在文中好几个地方看到，他对丹尼斯的印象从“才华横溢”变成了“控制欲强”，再到称呼他为“笨蛋”。这种怒气体现在了右侧的对话框中，菲利普使用了火药味十足的语言（“我不打算发挥自己的能力”）和更极端的立场（“因此我不得不为自己的利益着想”）。为自己的立场作辩护激起了对方愤怒的回应，而这种愤怒又会激起进一步的辩护和愤怒，形成恶性循环，最终大家都不会获得好的结果。

由于双方都没有试图去了解对方的想法，就不可能从相互冲突的模式中提出新的解决方案。一个创新的解决方案需要对话中的一方意识到存在其他重要的信息，并且能够发现更多不同的因果关系。反复为自己的观点作辩护不会让自己和对方看到更重要的因素，不会发现更复杂的因果关系，不会有助于从整体看待问题。这种做法实际上是与提出创造性方案要具备的条件相悖的。

断定式质询正是打破这一僵局的工具。如果丹尼斯能更好地回应菲利普提出的问题，那么对话的效果就会完全不同，比如："我理解你的感受，你认为你从公司获得的经济回报太少了。那是否考虑过管理方面的问题呢？你是否觉得自己很少参与公司的管理，或者只对经济回报感兴趣？"类似地，菲利普也应该以同样的方式回应丹尼斯的疑问："我理解管理的重要性。我有两个问题。第一，你是认同我的经济回报太低了？或者我误解了你，你其实已经意识到了这一点？第二，你能告诉我，你独自持有所有股权，不与我和亚伦分享的理由吗？"这两种回应既有对自己看法的辩护，这隐含在对对方观点的陈述之中，又是一种断定式质询，能够了解支撑丹尼斯想法的重要信息和因果假设。

这种探究法在几个方面都是很有价值的。它能探索新的重要信息，并向其他因果关系敞开大门，这有利于提出创新性解决方案。断定式质询还能为持续对话奠定基础，因为它释放了一种信号，表明菲利普真心在意丹尼斯的看法，尽管后者与菲利普的看法是冲突的。它也使得丹尼斯愿意了解菲利普的想法，愿意为提出创造性解决方案提供更多的信息。

实际上，为现有的冲突模式找出创造性解决方案并不需要做大量工作。菲利普的核心关注点是提高自己在公司中的股权比例。丹尼斯则想维持管理上的控制权。这些看似冲突的目标并不一定是不可调和的。可以设计一种双重股权架构，这种架构既能让丹尼斯保留绝大多数的投票权，又能提高菲利普的股权比例，从而满足双方的需求。如果双方都不那么固执己见，那么很快就能找到公平的解决方案。

这个案例帮助学生明白了断定式质询工具可以打破自我辩护的僵局。将了解对方的想法与自我辩护结合起来，学生们学会了如何整合对立的想法，从而产生建设性的解决方案。如果无视对立的想法，要拿出这样的方案根本不可能。类似断定式质询这样的工具能让整合思维者具备更强的看待问题的能力。第 7 章将介绍，经验能让整合思维者正确、巧妙和持续有效地运用这些工具。

THE OPPOSABLE
MIND

07

要素三，经验，用过去创造未来

我总是在做我不会做的事情，为的是从中学习怎样去做。

——巴勃罗·毕加索

当结束与 A. G. 雷富礼长达 8 小时的访谈后，我被他善于思考和利用经验的能力深深折服。[1] 他最初运营一家美国海军零售店，然后自 2000 年起管理宝洁公司。在与雷富礼一起回顾 32 年决策经验的过程中，我逐渐了解到他是如何利用经验成为完美的整合思维者的。让我最感慨的是，他不仅用经验强化了专业能力，还培养了创造力，而不是只专注于一种能力，忽略了另一种能力。

雷富礼的管理生涯始于 1972 年，当时他还在海军服役。由于运气不错，雷富礼被委派去经营海军交易所（Navy Exchange），地址位于日本东京南部的厚木市海军基地。海军交易所专指在美军全球各个海军基地内部营业的零售店。

雷富礼到达厚木市海军基地后不久，基地交易所经理突发心脏病，接替他的助理经理又被派往美国另一个较大的交易所。只有 24 岁、没有任何商业知识和经验的雷富礼开始担负起管理这家零售店的重任。该零售店为基地的几千人提供服务，同时还要服务想在这里购物的大东京区域的美军。

尽管缺乏思维工具和经验，年轻的雷富礼却非常乐观，努力干好工作。他深入研究了客户需求，试图了解他们的身份及购物的理由。他发现，当其他地方的海军船员来基地停留时，会购买摄像机和音响设备，在离开时还会被说服购买一些香水。他明白，生活在基地的家庭首先会买日用品，其次才是奢侈品。而来访的客人则相反。

雷富礼还意识到，由于客人必须在交易所购买东西时出示军人证件，他就能从中搜集相关信息，以便知道哪些客户群会购买哪些物品及其价格，并相应调整商品种类和定价。他愉快地回忆道“我们只是从数据中挖掘信息”，但这些数据之前从未被收集过。

因为雷富礼想提升自己在零售行业的专业能力，所以才会有意识地积累专业经验。他系统地收集和挖掘这些数据，以便更好地设计和规划运营，从而达到运营目标。当进行降价促销时，他想知道降价对销量的影响。当航空母舰的船员来基地停留时，他希望商店里有针对这一客户群的商品。他不断积累在设计、专注和规划方面的经验，更深刻地理解了如何运营零售业及如何产生良好的经营效果。换句话说，他在有意识地积累专业经验。

雷富礼一方面规划、组织和挖掘数据，以提升专业能力；另一方面培养创新能力，以便不断提高商店利润。这种创新能力通常体现在雷富礼的营销推广决策方面。

交易所里的大多数商品都是常见的美国品牌，全球任意一家海军交易所都有这些商品。交易所还可以售卖少部分当地商品。在雷富礼看来，大多数经营者会把“当地”这个词理解为基地附近的区域，比如东京。但雷富礼对“当地”的理解包含了远东地区。他知道有时候飞行员会把物资运到越南西贡，然后空舱返回基地，于是，他说服飞行员在越南的一家工厂采购一些陶瓷大象带回来。

雷富礼在基地发放宣传单，为陶瓷大象打广告，并在挨着商店的足球场上展示这些陶瓷品。在正式售卖陶瓷品的那天早上，顾客在商店门外排队长达两小时。商店开门后，陶瓷品几分钟就卖光了。“真是难以想象，”他微笑着说，得意地回忆起当时的场景，“人们冲进来，见到哪个就抢哪个，完全疯了！”

还有一次，雷富礼从另一个海军商店的经理那里听说，油价将会暴涨，因为石油输出国组织（OPEC）在1973年召开的第一次会议上决定提高油价。雷富礼抓住时机，先收集了基地油库所有闲置的储油罐，然后聘用工程兵将这些储油罐打扫干净，酬劳是免费喝啤酒，最后，用他能购入的油品将储油罐全部装满。当油价上涨时，他以低于市场价的价格销售了好几个月，大幅增加了客流量。他将这一冒险举动称为“只争朝夕”。

其他经验则帮助雷富礼形成了创造力。为了充分利用好机会，雷富礼需要做到主动、灵活和开放，愿意尝鲜，能快速抓住转瞬即逝的机会。一直处于变化中的客户群和快速变化的零售环境给了他充分的实践机会，提高了他的创新能力和行动能力。

主动、尝鲜、灵活和开放并不是特别稀有的品格，却是整合思维者在强化专业能力的同时培养创造力所必备的品格。专业能力强调的组织、计划、专注和重复则与这些品格完全相反。雷富礼从当上商店经理的第一天起，就有意识地同时提升创造力和专业能力。

雷富礼的经验强化了一个关键的自我立场：把自己看成能解决问题的商业管理者，并相信如果希望自己获得持续进步，就需要不断升级解决问题的工具。为此，他进入哈佛商学院深造，于 1977 年毕业。在加入宝洁之后，他不断升级自己的工具。他从“JOY”清洗剂品牌经理助理做起，花了16年时间参与“汰渍”（Tide）、“Cheer”、“Downy”、“Bounce”等宝洁洗衣及清洁用品品牌的建设，最后被擢升为宝洁最大、最赚钱的业务部门的总裁。

在宝洁期间，雷富礼继续积累经验，强化专业和创新能力。尤其是从海军交易所的经历开始，他就一直在持续加深对客户行为的理解。1984年，宝洁内部产生了一场争论，焦点是为一款新的汰渍洗衣粉产品取名。由于对客户的深入理解，雷富礼在这场争论中表现出色。

通常，当宝洁对现有产品取得了重大创新时，都会为新产品取一个新名字。比如，当宝洁推出一款清洁硬面的产品时，它会取名为新品牌“Swifter”，而不是使用之前类似产品的主流品牌“Mr.Clean”。因此，公司的惯例就是为新款洗涤液取一个新的名字。

雷富礼认为有必要打破惯例。“虽然我们知道，粉末汰渍用于洗除固体污渍，而液体洗涤剂用于洗除油腻污渍，但用户怎么可能区分得出来？”因为他在家里经常做家务，所以知道这两种产品的区别只对研发这些产品的专家有意义，用户只会把新产品当成是同样有效的汰渍系列产品之一。那么，有什么必要专门为液体汰渍取一个新名字呢？

雷富礼的理由说服了大家，于是，液体汰渍进入了市场。在 20 年内，美国的液体洗涤剂市场规模比粉末洗衣粉市场大 3 倍，而宝洁的液体和粉末汰渍市场份额比第二名高出 4 倍。要是液体汰渍被另起新名，很有可能汰渍就不会成为如此有名的品牌。汰渍作为一个拥有 60 年历史的支柱品牌仍然老当益壮，比货架上那些只有 20 年历史或资历更浅的品牌更有影响力。

雷富礼的专业帮助他对于液体汰渍产品做出了正确决策。当他面对另一个关于洗衣皂包装的重大决策时，他又展现了自己的创造力。1993 年，宝洁的研发人员将一大袋颗粒状的粉末洗衣粉设计成了体积只有之前一半的紧凑型产品。洗衣粉就只占据原来占据货架、购物车和洗衣房的空间的一半了。

根据惯例，宝洁要对新产品进行常规的大样本用户调查。调查结果出乎每个人的意料，包括雷富礼，用户并没有对包装更小的洗衣粉产生强烈兴趣，尽管该产品的优势在雷富礼和同事看来是很明显的。

这一测试结果让新产品的前景堪忧。除非严格的用户量化调查表明新产品能够胜过老产品，否则按照惯例，宝洁是不会发布新产品的。对于雷富礼这样深谙客户心理的高手而言，调查数据应该可以证明应放弃新产品了。

然而，这一结论并没有说服雷富礼。尽管宝洁对每个环节的严谨规划和设计都表明，紧凑型的洗衣粉产品是不受市场认可的，但富有创造力的雷富礼关注到了这款新产品的一个独特性，这个独特性很有可能让宝洁做出打破常规的决策。他发现，与大多数产品升级不同，这个新产品能为零售商节约大量的成本。比之前小得多的包装只会占据仓库和货架一半的空间，而销售金额却保持不变，这会给零售商节省巨大的成本。因此，无论用户怎么想，零售商无疑会喜欢这个产品，并且宝洁的生产和物流运营也能从中节约大量成本。

但是，用户体验问题该怎么解决呢？量化调查表明，紧凑型产品并不比老产品更受欢迎，但也没有不受欢迎。市场调查数据是经过处理的，在大多数情况下结论会偏保守，不会让新产品草率上市。于是，雷富礼决定亲自看看用户在调查表上自愿填写的留言。自愿留言的用户数量并不多，而他们通常也不会知道宝洁对这款产品的真实想法。那些真正理解产品的用户对客户体验有着更深刻的理解，但通常不会体现在留言中。

雷富礼花了很多个夜晚和周末，逐一查看 400 份用户手写的留言。他逐渐得出了结论：尽管用户对紧凑型产品没有强烈的好感，但也很少有强烈的厌恶感。事实上，超过80% 的留言至少认可紧凑型产品的某个亮点。

雷富礼重新整合了这些调查数据。零售商很欢迎紧凑型产品，宝洁生产工厂也很欢迎新产品，用户既不喜欢也不讨厌。所以，尽管缺乏确凿的用户调查证据，雷富礼还是认为，可以把所有原先的大包装粉末产品都改为紧凑型产品。这一举措需要公司额外支付 2.5 亿美元的成本，这是雷富礼第一次提出的最大一笔投资的建议。

结果证明，宝洁大获全胜。“我们投入了并大获成功。这是一个相当巨大的胜利。”当然，对雷富礼而言，这也是对他冒险支持该产品的巨大奖励。如果该产品未能收到成效，雷富礼很可能会被开除。但过硬的专业能力和创造力让他有信心敢冒风险。要是雷富礼只有专业能力，用户调研结果就会让他放弃新产品。然而，雷富礼一方面高度重视量化研究，这是宝洁立身之本；另一方面又不会完全让数据左右他的决策。“我相信主观判断，研究只用于辅助主观判断。”

单靠创造力也无法为决策提供坚实基础。雷富礼必须调动他积累的所有专业能力，来理解用户留言的含义，理解零售商会如何反应，理解新产品会对宝洁的生产和物流部门产生什么影响。没有专业能力，雷富礼的创造力就经不起现实世界的严苛考验。

雷富礼因为该产品的成功而在 1994 年被提拔为宝洁亚太区总裁。他再次回到日本，在那里他曾学习如何管理、经营零售业。作为宝洁的管理者，他积累了多年经验，用他的专业能力和创造力应对了各种机会和挑战。通过经验的积累，他掌握了理解客户需求和竞争策略等各种工具，并且具有很强的应用这些工具的能力。随着能力的提升，他更加确信，管理者能够将挑战、复杂性和矛盾转化为创造性的解决方案。

日本市场有很多机会，雷富礼得以在工作中展现专业能力和创造力。在雷富礼就任亚太区主席之前，宝洁在日本的业绩令人失望。亚太区的很多产品线在当地的市场份额要么排第二，要么排第三，这对于在美国本土占据市场主导地位的公司来讲是不可接受的。

雷富礼在日本发挥了专业能力，建立了推广和销售策略，以有序的方式运营宝洁业务。与此同时，他的创造力也得到了体现。当公司发布“Joy”牌浓缩餐具洗涤液时，宝洁的竞争对手是日本两个主流品牌，每个品牌都占据了 40% 的市场份额。市场的传统做法是销售大规格的浓度较小的洗碗皂，而宝洁已经发现如何将同样规格产品的浓度提高两倍，让产品的规格更小。几年前，宝洁在英国和德国高调发布了餐具清洗产品，但均不敌本地品牌的竞争，以惨败告终。因此，雷富礼对于这一策略必须更为谨慎。

雷富礼意识到，如果浓缩产品想挫败日本本土的主流品牌，那么宝洁就需要运用创新策略。宝洁的广告文案将这款产品定位为强力去油渍，并聘请了日本著名喜剧演员来作广告，与本土品牌形成正面竞争。令人惊讶的是雷富礼的定价策略。雷富礼取消了零售商建议的价格，新产品的定价高于两个日本品牌。他的想法是，高价代表优质。没有发布各种不同规格和香味的产品，只发布了一项单品。这吸引了用户的注意力，也能让零售商用更小的货架空间卖出更多的产品。

雷富礼猜想，两个本土品牌最明智的应对策略应该是大力推广常规产品。这会让用户在宝洁塑造起浓缩产品形象之前，就放弃购买浓缩的餐具清洗产品。然而，两个竞争对手似乎有些恐慌了，很快也向市场推出了浓缩产品，并进行了大力推广。实际上，两个品牌都在重复宝洁的宣传策略，强调浓缩产品比常规产品更好。这只会为宝洁的新产品推波助澜，因为它是第一个出现在市场上的这类产品。雷富礼承认他的大胆押注“是很冒险的，因为如果两个品牌更聪明一点，选择了正确的防御模式，它们就能阻止我们成功。但它们没有这么做”。结果，在同类产品中，Joy 的市场份额占据了主导地位，并一直保持优势。

雷富礼的决策方法都利用了专业能力，无论是自己的能力还是他人的能力。他说：“我喜欢听取专家和专业人士的建议，他们是宝贵的资源，能提供我不具备的经验。”但专业能力并没有削弱他的创造力。在 2000 年被提拔为宝洁的首席执行官之后，他开始全面审视宝洁的企业文化，将重心转向了打造核心价值观、支持前文提到的联合研发项目、大力拓展美容护理业务，并且完成了宝洁历史上最大的一笔收购，以 530 亿美元收购了吉列公司。[2]“我非常喜欢采取冒险行动。”雷富礼承认。

整合思维 THE OPPOSABLE MIND

雷富礼管理生涯的头 3 年教了我们关于经验的一些知识。立场和工具会影响经验，反过来，经验又会影响工具和立场。经验能强化专业能力、培养创造力，那些既能强化专业能力又能培养创造力的经验，则是提升整合思维能力最有效的工具。

立场和工具影响经验

我们倾向于积累经验，这些经验可以强化我们最初的立场和工具。这是因为立场影响了工具的获取，而工具影响了经验的积累。因此，相信现有模式等同于现实并畏惧对立模式的人，不相信存在更好的模式。他们对不同的模式缺乏包容，会迫不及待地选择一个模式，不管它有什么缺点。他们只会使用归纳和演绎推理，构建相当简化的模型，固执地捍卫自己的看法，而不会考虑各种不同的看法。他们获得的经验会强化最初的立场和信念：自己已经获得了需要的所有工具。

与此完全相反，像雷富礼这样的人相信，现有模式只是任何人都能提出的迄今最好的模式，而对立模式中则蕴藏着真知灼见。这种人不仅相信更好的模式有待被发现，还相信通过应对复杂性和保持耐心就能够发现它。他们会使用生成式推理、因果建模和断定式质询等方法。他们在建立新模式中获得的经验将强化最初的立场，应用整合思维工具的技能和敏锐度也会进一步提高。

即使是当海军军官时经验不太丰富，雷富礼也没有接受运营交易所的既有模式。从管理生涯一开始，他的立场就是相信自己能够创建更好的模式。他很喜欢应对复杂性，并从中发现如何更好地服务客户，如何设计独特的推广策略，如何与其他交易所竞争并取胜。

他的立场使他积累了大量经验，这些经验提升了技能。随着对客户需求更加了解，他可以主动采取一些营销策略，并取得成功，比如，像陶瓷大象这样的推广案例。要是他接受了经营交易所的传统模式，就不可能积累丰富的学习经验，从而增强自己的个人知识系统。

经验影响立场和工具

雷富礼的经验让他明白，一方面他很喜欢商业运营，另一方面他需要更多复杂的工具。他作为交易所经理的业绩表现是非常突出的，但经验让他痛苦地意识到，自己获得的理论工具还不够。这激发他进入哈佛商学院，为自己的“工具箱”增添了很多有价值的物件。这一经历使他产生了微妙而显著的改变。他不是一个没有任何商业经验的学生，毕业后，他把自己视为已经拥有几年商业经验的年轻管理者，并且在商学院中学到了更多可以应用于日后商业运营的工具。他积累的经验和工具强化了自我定位，即一个擅长理解客户需求的管理者。毫不奇怪，从哈佛商学院毕业后，他选择了宝洁的市场推广工作，而不是去做同样有吸引力的战略咨询。

从经验到工具的反馈循环在雷富礼担任宝洁亚太区总裁期间再次发生了。在日本的工作经历，让他看到了最优秀的日本企业是如何专注于提升客户体验的：从产品设计到产品包装，再到商店购物体验。这让他相信，优秀的设计能够让宝洁取得竞争优势。他开始改变对设计的看法，并为此专门设了一个设计副总裁的职位，建立了一个外部设计咨询团队，并与知名工业设计公司 IDEO 建立了紧密合作关系。随着技能的提高和敏锐度的增强，他成了商业设计的倡导者。

经验 1，专业能力

在特定领域，专业能力需要不断重复经验才能获得。专业人士早已熟悉某种特殊现象，知道如何处理它，因此就不用像初学者那样从头学习专业知识。在一堆混乱的数据中，他们能提取出很少的重要因素，也能在大脑中构建出因果关系。由于在特定领域见多识广，他们从经验中学到了很多东西，知道如何思考问题，从而提出解决方案。

专业医生在做了简单检查之后就能诊断出病人是否患了阑尾炎，而新医生则需要积累很多病例，才能诊断出病人腹痛的病因。新医生也许能模糊地意识到腹痛的原因，但专业医生则能准确诊断腹痛是由阑尾发炎导致的。由于有大量的经验数据库，专业人士具备了模式识别能力，从而能够很快提出解决方案。

专业能力的获得并不是靠运气，它需要有规划、有意图地重复某类经验。这就是为什么我认为，经验并不一定会提升专业能力。如果你用正手挥出了 10 万次网球，就更可能在一场重要赛事中打出一记漂亮的正手球。然而，要成为专业选手，网球运动员不仅需要练习 10 万次以上的正手击球，还必须学会正确击球的方法，并且还要学会观察和反思每一次击球的结果。缺乏方法、观察和反思的运动员很可能形成不良的击球习惯，不可能持续打出好球。

从经营海军交易所开始，雷富礼就有意识地积累经验，持续强化自己的专业能力。他会在工作日搞促销，而不是在周末，然后通过销售数据研究销售策略的效果。他从经验中学到的东西提升了专业能力。在宝洁，他通过不断倾听用户的需求和建议、积极响应用户的需求、用非常规的方式分析用户数据，对用户有了持续而深入的理解。通过有意识地重复、调整和规划经验，雷富礼在职业生涯的过程中逐渐成了设计、营销和销售消费品的行家里手。

经验 2，创造能力

在有些情况下，尽管重复、调整和规划经验是专业能力的体现，但不一定会带来好的结果。在遇到特殊情况时，我们需要提出新的方法或解决方案，也就是要具备创造力。这需要愿意尝试新事物，主动应对新情况，并且对与自己想法不同的模式抱有开放的心态。由于创新意味着尝鲜，创造力肯定意味着有可能失败。你需要逐渐适应试错的过程，并不断完善最初的方案，这一点非常重要。否则，你就只能采取风险更小的专业模式，而排除创新模式。

在整个职业生涯中，雷富礼有意识地培养创造力。在海军交易所，当他听说油价将上涨时，主动出击并抓住了机会。在宝洁时，当花了很多时间浏览用户对紧凑型洗衣粉产品的留言时，他展示了开放思维，从用户那里获得的信息帮助他提出了新的应对方案。后来，在宝洁亚太区，他大胆尝试，发布了“Joy”牌餐具液体洗涤剂，因为他意识到只有采取冒险的举动，才有机会实现目标。

这些经验表明，雷富礼能够成功驾驭发挥创造力带来的风险。当在2000年成为宝洁首席执行官时，他对自己的创造力已有足够的信心，于是敢于做出宝洁历史上最大胆的一些举动，包括联合研发项目和对吉列公司的并购。他的经验中蕴含着创造力。创造力的形成要追溯到陶瓷大象营销项目，从那以后，他有了更大的勇气和信心，为追求更大的回报敢冒更大的风险。

最有效的经验，掌控能力和创造能力的结合

专业能力和创造力是相得益彰、相互提升的。由于拥有丰富的经验，当需要专业能力或者创造力时，雷富礼都能快速响应。他在不同模式之间快速切换的能力，让别人误以为他有多重性格。然而，他却是一个严谨的、有自控力的数据处理专家，用系统的方法进行用户调查，并基于数据做决策。在以后的工作中，他完全靠直觉就能做出正确决策。事实上，基于数据做决策既是一门科学，也是一门艺术，看似出于直觉的决策实际上经过了严谨分析。在职业生涯的后期，雷富礼的多数决策都是基于专业能力和创造力的相互助益。

利用经验将专业能力和创造能力结合起来，是整合思维者的一个特点。作为首席执行官，摩西·齐奈默相信，仔细控制和规划城市电视台的开支是工作的重要组成部分。这是一种技能，需要多年的经验积累。与此同时，齐奈默是"激进广播"（radical broadcasting）的先锋人物。"愿景"这个词在商业领域已经是老生常谈，但齐奈默的创造能力确实有一部分愿景的因素。他说："企业家既要考虑必要的短期利益，还要有创新想法，同时被这种想法所吸引和驱使。我不会问创新想法来自哪里，只是在睡醒之后知道想要做什么。"齐奈默意识到有必要将专业能力与创造力结合起来，尽管做到这一点并不容易。[3]

教育家格里·玛宾（Gerry Mabin）在运营玛宾学校的过程中，也展现了管理专业能力与创造力之间的冲突的能力。玛宾学校是她在多伦多创建的创新性教育机构。她具备在儿童教育和学习领域的专业知识，能够基于学校的教学法预测每个学生的发展。学校的每一个设计思路都体现了因材施教的思想。与此同时，她的教学方法允许学生运用好奇心和自发性。事实上，正是学生的好奇心驱动了学习过程。玛宾说："你推着他们往前走，他们也拉着你一起走。"[4]

玛宾学校有一个非常著名的教学案例。那次，学生去参观离学校 10 个街区之外的博物馆。学生们已经准备好离开学校前往博物馆，突然下起了倾盆大雨，耽误了行程。当大雨停下之后，学生们开始与老师沿着陡峭的山路走向博物馆。途中，学生们对大雨堆起水泡并形成漩涡沿路流动的现象非常感兴趣，于是，老师没有坚持让学生继续前往博物馆，而是就水流设计了一堂临时课程。这种自发式学习方式已经成了学校的标志性特点，所有学生都不后悔没有去成博物馆。

雷富礼、齐奈默和玛宾的故事表明，伟大的管理者既能利用经验来打造和增强专业能力，也能维系和表达创造力。大多数领导者只能做到其中一点，有些领导者能随着时间推移增强自己的专业能力，但并不相信自己具备创造力。正如谚语所说，他们只会做好能做好的事情，却从来不提升自己面向未来的能力。哈佛商学院的艾米·埃德蒙森（Amy Edmondson）警告说："由于天生就有这样的倾向，固定的行为方式会让我们青睐专业能力而不是创造力，这会导致我们因循守旧，只愿意对熟悉的工作做出细微的改进。于是，我们就完全错过了带来重大改变的机会，错过了创造全新的、令人激动的事物的机会。"[5]

还有些人具有创造能力，但不愿意提升自己的专业能力。他们被视为"有想法的人"，但在运营规模较大、历史悠久的企业的过程中没有得到股东的信任，因为他们不能或不愿培养自己各方面的专业能力，而这是企业领导者必备的素养。

没有创造能力的专业能力是平庸的。从来不以新的方式思考问题的管理者，看到的是同样的重要因素、因果关系和架构。这种专业能力只会产生同样类型的解决方案，哪怕新的情况要求采取不一样的举措。没有创造能力的专业能力最终走向死路。

同理，没有专业能力的创造能力是缺乏根基的，也靠不住。管理者需要专业能力来区分重要因素和不相关因素，理解哪些因果关系是正确的，以及如何分析复杂问题。没有这些专业能力，创造性方案很可能就是随机猜想。它有可能会成功一次，但不太可能获得重复而持续的成功。也许专业能力造就了创造力的最著名的案例要数毕加索。他的立体主义绘画革命可能会让那些不了解他早期作品的人把他视为极具创造力的画家，但熟悉其早期作品的人知道，他是传统绘画艺术的大师。专业能力帮助他在现代艺术领域实现了真正的原创性突破。

整合思维 THE OPPOSABLE MIND

整合思维需要整合专业能力和创造力。没有专业能力，就分辨不了重要因素、因果关系和架构。没有创造力，就提不出创造性解决方案。没有创造性解决方案，就不会提升专业能力。如果专业能力停滞不前，创造力也会停滞不前。专业能力能为创造力的产生提供条件，反过来，创造力也能为专业能力的提升创造条件。两者是相互依存的关系。

再怎么强调立场、工具和经验的相互强化都不为过。每次你运用生成式推理、因果建模和断定式质询来提出创造性解决方案时，都在深化对工具的理解，而这些工具能产生积极的结果，增强你提出创造性解决方案的信心。

你还能提高提出创造性解决方案的成功概率，因为你提升了处理任务的技能。反过来，成功会增强你的乐观立场和自信心。整合思维者能持续获得经验，这些经验增强了专业能力，让他们在处理复杂问题、提出创造性解决方案时更有信心。

对有些人而言，良性循环在小时候就开始形成了。在IOWH 成立早期，维多利亚·黑尔被同事称为"'为什么不'博士"。"同事对我说，'哦，那么做是不可行的。'我给他们的回应是，'为什么不呢？'"黑尔的质疑精神在小时候就有了，她会质疑学到的每一个知识，喜欢为自己决定哪些知识可信。"谁说这就是答案"已经成了她的口头禅。[6]

后来，黑尔发现直接以这种方式表达想法并不妥当。尽管应对技巧更成熟了，但她的立场从来没变。不断在冲突的模式中提出创新方案及反复的实践强化了她的看法：既有模式不是仅有的模式。这让她更有动力去获取各种工具，更容易创建新模式，打磨需要的敏锐度和技能，最终提出预期的创造性方案。

重复的实践也使黑尔更自信。她知道，基于日常方式来应对挑战是很困难的，但以长期经验来看，她知道这些挑战是能够克服的。她经常运用整合思维，正如托马斯·C.钱伯林预测的，她将整合思维模式培养成了一种下意识的习惯。

黑尔不是我采访的整合思维者中唯一这么做的人。大多数整合思维者都经常自省，但不自负。他们对通过多年经验积累形成的敏锐度和技能颇有信心，这些技能使他们更坚定立场，更沉着、乐观。

我们不能回到童年，去练习如何在既有模式中创建新的模式。但我们能从经验中学到很多东西，从而解决未来的问题。为此，我们需要像第 5 章描述的那样进行思考，应该在事前记录预测，然后将实际结果与预测进行比较，并从中获取经验。

A. G. 雷富礼在探究自己的思维方式上非常自律，他总是想要知道，如果要确保结论成立，“我们必须要知道哪些信息”。正如第 5 章所讲的，我们必须要问，一种可靠的模式需要具备哪些条件。[7]

通过事先问自己这一问题，雷富礼跟踪记录了自己的决策。如果决策没能产生预想的结果，他就会审视哪些因素才能确保决策获得成功，他犯了哪些决策错误，或者忽略了哪些重要信息。就像鲍勃·扬每天都想取得进步，雷富礼也将从经验中学到的东西用于下一次的建模，每一次决策对他而言都是能力提升的机会。

为了确保罗特曼管理学院的学生和高管在学习整合思维时能最大限度地利用自己的经验，我们教他们如何记录和回顾决策逻辑，并将决策结果与预测进行比较。如果结果与预测一致，那么就证明了他们使用的工具和立场是有效的，并能为下一次决策建立信心。如果结果与预测不一致，学生和高管学员就会反问自己：如何改变使用的工具或立场才能产生更好的结果？他们只需要较少的练习，就能熟练掌握逆向决策思维，并学会审视自己的决策结果。

成为一名整合思维者

在本书中，我们呈现了整合思维者个人知识系统的典型特征，即立场、工具和经验。

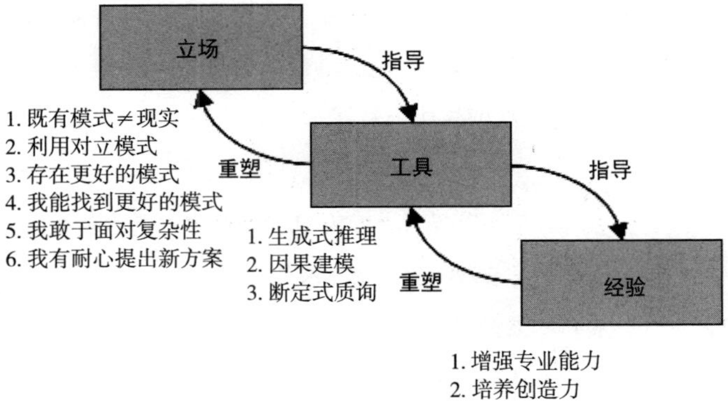

整合思维者的知识体系

将这些立场、工具和经验结合起来，整合思维者就能更熟练地掌握如何提出创造性解决方案。个人知识系统还能帮助你变得更专业，但你需要耐心，并在学习过程中进行反思。

说到耐心，要想成为一个真正的有灵感的整合思维者，你需要丰富的经验来打磨敏锐度和技能。对多数人而言，这种敏锐度和技能即使不需要花几十年来培养，也会花好几年，正如人们在 12 步疗法小组①中所说的，“时间本身就需要时间”。通过采纳 6 个立场，你就能更有耐心建立起一个框架，以打造需要的工具，积累经验，打磨出敏锐度和技能。

至于反思，它会在培养整合思维的过程中最大限度地利用你学到的每一个经验。我们天生倾向于先思考再行动，却很少思考自己的思维过程。已故的伟大管理学家彼得·德鲁克在 1965 年的一次演讲中点评了这一问题：

> 人们总是发现，只有极少数人才能得出最明显、最简单、最清晰的结论。人们总是发现，自己常常看不到明显的结论，也许这只是因为，只要我们把惯有的想法视为理所当然，我们就不可能看到明显的结论。[1]

① 治疗性瘾的一种方法。——译者注

本书遵循了德鲁克思想的精髓，试图得出理所当然的明显结论。这一明显结论就是，获得巨大成功的商业领导者与大多数领导者有着完全不同的思维方式，前者运用的整合思维并不是高科技，而是可以感知和习得的思维方式。这种思维方式需要具备专业能力和创造力，而两者来自经验。反思有利于克服惯性思维，让经验更有价值。当拒绝了惯性思维时，你就能强化整合思维，并将其功效发挥到极致。

亲爱的读者们，建立起你的知识体系，学会整合思维的艺术和科学，是一件非常幸运的事。努力工作、勤于思考、不要偷懒，因为这个世界需要你的贡献。

参考文献

前言 用整合思维解决对立性问题

1. F. Scott Fitzgerald, *The Crack-Up* (New York: New Directions Publishing, 1945).

2. Michael Lee-Chin, in discussion with author at the Rotman School,Toronto, February 28, 2002.

3. *Forbes* 2006 List of Billionaires. Lee-Chin ranked 365 with $2.1 billion net worth, see http://www.forbes.com/lists/2006/10/7TE8.html.

4. All monetary references in the book converted to and denominated in U.S. dollars except those contained within the quotes of a speaker.

5. Andrew Willis, “AIC’s Disadvantage: No Street Friends,” *Globe and Mail*, September 2, 1999.

6. Thomas C. Chamberlin, “The Method of Multiple Working Hypotheses,”*Science* XV, no. 366 (February 7, 1890): 93.

7. Wallace Stevens, “Notes Toward an Extreme Fiction,” *The Collected Poems ofWallace Stevens* (New York: Vintage Books, 1990), 380.

8. A. G. Lafley, in discussion with author at the Rotman School, Toronto,November 21, 2005.

9. Bob Young, in discussion with author at the Rotman School, Toronto,September 23 and October 6, 2005.

10. Larry Bossidy and Ram Charan, *Execution:The Discipline of Getting Things Done* (New York: Crown Business, 2002); Jim Collins, *Good to Great:Why Some Companies Make the Leap . . . And Others Don't* (New York: HarperCollins, 2001); Jack Welch, *Jack: Straight from the Gut* (New York: Warner Business, 2001).

11. Bossidy and Charan, *Execution*, 22.

12. Collins, *Good to Great*, 37.

13. Chamberlin, *Science*, 94.

01 特点一，绝不退而求其次

1. A. G. Lafley, in discussion with author at the Rotman School, Toronto,November 21, 2005.

2. Isadore Sharp, in discussion with author at the Rotman School, Toronto,April 11, 2002.

3. Kevin Libin, "Four Seasons Hotels," *Canadian Business*, June 23, 2003,48.

4. Roger Hallowell, "Four Seasons Hotels and Resorts," Case 9-800-385 (Boston: Harvard Business School, 2000).

5. *Fortune*, "Best Companies to Work For" annual lists, 1998–2006.

6. The concept of an "activity system" is drawn from Michael Porter,"What Is Strategy?" *Harvard Business Review*, November-December 1996,61–70.

02 特点二，保持开放的观念

1. Craig Wynett, in discussion with author at Proctor & Gamble, Cincinnati,Ohio, October 18, 2006.

2. Jordan Peterson, in discussion with author at the Rotman

School,Toronto, November 24, 2004.

3. The concepts behind this example draw heavily on a lifetime of work by Chris Argyris, for example as discussed in Chris Argyris, *Overcoming Organizational Defenses* (Boston: Allyn & Bacon, 1990).

4. John Sterman, in discussion with author at the Rotman School, Toronto,March 23, 2003.

5. Jack Neff, "Does P&G Still Matter?" *Advertising Age*, July 25, 2000.

6. A. G. Lafley, in discussion with author at the Rotman School, Toronto,November 21, 2005.

7. http://www.alumni.hbs.edu/news_events/alumni_achievement/2004_lafley.html.

8. Larry Huston and Nabil Sakkab, "Connect and Develop: Inside Procter & Gamble's New Model for Innovation," *Harvard Business Review*, March 2006, 58–66.

9. Bob Young, in discussion with author at the Rotman School, Toronto,September 23 and October 6, 2003.

10. Piers Handling, in discussion with author at the Rotman School,Toronto, March 7, 2002.

11. Brenda Bouw, "25 Years of Toronto's Film Festival," *The National Post*,May 8, 2000.

12. Liam Lacey, "TIFF/Outpacing Sundance, Passing Cannes," *Globe and Mail*, September 3, 2005.

13. Gina McIntyre, "Buzz Bin," *Hollywood Reporter*, September 6–12, 2005.

14. A. G. Lafley, in discussion with author at the Rotman School, Toronto,November 21, 2005.

03 特点三，远离简单化和专业化

1. http://www.medaloffreedom.com/MarthaGraham.htm;http://www.time.com/time/time100/artists/profile/graham.html.

2. Subsequent facts concerning Martha Graham from http://www.kennedy-center.org/honors/history/honoree/graham.html.

3. Daniel Levinthal and James March, "The Myopia of Learning," *Strategic Management Journal*, 14 (Special Issue, Winter 1993): 95–112.

4. Peter Drucker, in discussion with author at the Rotman School,Toronto, June 12, 2002.

5. Hilary Austen, in discussion with author at the Rotman School, Toronto,March 25, 2002.

6. F. C. Kohli, in discussion with author at the Rotman School, Toronto,October 5, 2006.

7. Bruce Mau, in discussion with author at the Rotman School, Toronto,November 2, 2004.

8. Tim Brown, in discussion with author at the Rotman School, Toronto,January 15, 2004.

9. Moses Znaimer, in discussion with author at the Rotman School,Toronto, April 10, 2002.

04 立场、工具与经验，个人知识体系的 3 个要素

1. I am indebted to Hilary Austen Johnson for the thinking behind the stance, tools, and experiences framework. I became familiar with her thinking on personal knowledge systems during the writing of her dissertation at Stanford University; this chapter has strong roots in that work. For those wanting to read more of her work, see Hilary Austen Johnson, "Artistry for the Strategist,"*Journal of Busi-*

ness Strategy, vol. 28, issue 4 (2007): 13–21.

2. Bob Young, in discussion with author at the Rotman School, Toronto,September 23, October 6, 7, 27, and 28, December 1 and 2, 2003.

3. Marshall McCluhan, *Understanding Media:The Extensions of Man* (New York: McGraw-Hill, 1964; republished by Gingko Press, 2003).

4. Sumantra Ghoshal, "Bad Management Theories Are Destroying Good Management Practices," *Academy of Management Learning and Education* 4, no. 1 (2005): 75–91.

5. Richard Nelson and Sidney Winter, *An Evolutionary Theory of Economic Change* (Cambridge: Harvard University Press, 1982).

05 要素一，立场，发现对立模式的利用价值

1. Victoria Hale, in discussion with author in San Francisco, December 15, 2006.

2. Meg Whitman, in discussion at the Rotman School conference,Toronto, January 28, 2005.

3. Nandan Nilekani, in discussion with author at the Rotman School,Toronto, September, 16, 2002.

4. Jack Welch, in discussion with author at the Rotman School, Toronto,September 12, 2005.

5. Bruce Mau, in discussion with author at the Rotman School, Toronto,November 2, 2004.

6. The derivation of contented model defense is from the original work of Karl Popper on justificationism in Karl Popper, *The Logic of Scientific Discovery* (London: Hutchinson, 1959).

7. Nathan Houser and Christian Kloesel, eds., *The Essential Peirce: Selected Philosophical Writings (1867–1893)*, vol. 1

(Bloomington: Indiana University Press,1992), and Peirce Edition Project, eds., *The Essential Peirce: Selected Philosophical Writings (1893–1913)*, vol. 2 (Bloomington: Indiana University Press, 1998). Later, Karl Popper developed the concept of falsificationism (also in *The Logic of Scientific Discovery* cited above). While apparently it was not based on Peirce's work because Popper only came upon it later, it reinforces and builds on Peirce's fallibilism. Later still, Imre Lakatos built further with the concept of sophisticated methodological falsificationism; see Imre Lakatos, "Falsification and the Logic of Scientific Research Programmes," in Imre Lakatos and Alan Musgrave, *Criticism and the Growth of Knowledge* (New York: Cambridge University Press, 1970). My optimistic model seeker construct is meant to combine the concepts of Peirce's fallibilism and Lakatos' sophisticated methodological falsificationism.

8. Bob Young, in discussion with author at the Rotman School, Toronto,September 23 and October 6, 2003.

9. Michael Lee-Chin, in discussion with author at the Rotman School,Toronto, February 28, 2001.

10. K. V. Kamath, in discussion with author at the Rotman School, Toronto,April 16, 2004.

11. Robert McEwen, in discussion with author at the Rotman School,Toronto, October 18, 2006.

12. Jan Rivkin, "Imitation of Complex Strategies," *Management Science* 46,no. 6 (June 2000): 824–844; and Mihnea Moldoveanu and Robert Bauer,"On the Relationship Between Organizational Complexity and Organizational Structuration," *Organization Science* 15, no. 1 (January 2004): 98–118.

06 要素二，工具，在事物间建立联系

1. Taddy Blecher, in discussion with author at the Rotman School,Toronto, September 16, 2006.

2. Education in South Africa.

3. David White, "How to Build a University at Minimum Cost," *Financial Times*, June 6, 2006.

4. Peirce, *The Essential Peirce* (vols. 1 and 2).

5. James March, Lee Sproull, and Michal Tamuz, "Learning from Samples of One or Fewer," *Organization Science* 2 (1991): 1–13.

6. John Sterman, in discussion with author at the Rotman School, Toronto,March 24, 2003.

7. Jay Forrester, *Industrial Dynamics* (Cambridge: Pegasus Press, 1961).

8. George Lakoff and Mark Johnson, *Philosophy in the Flesh:The Embodied Mind and Challenge to Western Philosophy* (New York: Basic Books, 1999).

9. His body of work includes books in which he describes this technique including: Chris Argyris, *Knowledge for Action* (San Francisco: Jossey-Bass, 1993).

07 要素三，经验，用过去创造未来

1. A. G. Lafley, in discussion with author at the Rotman School, Toronto,November 21, 2005.

2. Procter & Gamble 2006 Annual Report, note 2, p. 49.

3. Moses Znaimer, in discussion with author at the Rotman School,Toronto, April 10, 2002.

4. Gerry Mabin, in discussions with author at the Rotman

School,Toronto, February 16, 2001.

5. Amy Edmondson, in discussion with author at the Rotman School,Toronto, October 24, 2004.

6. Victoria Hale, in discussion with author in San Francisco, December 15, 2006.

7. A. G. Lafley, in discussion with author at the Rotman School, Toronto,November 21, 2005.

结语 成为一名整合思维者

1. Peter Drucker, "Entrepreneurship in Business Enterprise," speech presented at the University of Toronto, March 3, 1965; "Commercial Letter"(Head Office, Toronto: Canadian Imperial Bank of Commerce, March 1965,11–12).

未来，属于终身学习者

我这辈子遇到的聪明人（来自各行各业的聪明人）没有不每天阅读的——没有，一个都没有。巴菲特读书之多，我读书之多，可能会让你感到吃惊。孩子们都笑话我。他们觉得我是一本长了两条腿的书。

——查理·芒格

互联网改变了信息连接的方式；指数型技术在迅速颠覆着现有的商业世界；人工智能已经开始抢占人类的工作岗位……

未来，到底需要什么样的人才？

改变命运唯一的策略是你要变成终身学习者。未来世界将不再需要单一的技能型人才，而是需要具备完善的知识结构、极强逻辑思考力和高感知力的复合型人才。优秀的人往往通过阅读建立足够强大的抽象思维能力，获得异于众人的思考和整合能力。未来，将属于终身学习者！而阅读必定和终身学习形影不离。

很多人读书，追求的是干货，寻求的是立刻行之有效的解决方案。其实这是一种留在舒适区的阅读方法。在这个充满不确定性的年代，答案不会简单地出现在书里，因为生活根本就没有标准确切的答案，你也不能期望过去的经验能解决未来的问题。

而真正的阅读，应该在书中与智者同行思考，借他们的视角看到世界的多元性，提出比答案更重要的好问题，在不确定的时代中领先起跑。

湛庐阅读App：与最聪明的人共同进化

有人常常把成本支出的焦点放在书价上，把读完一本书当作阅读的终结。其实不然。

时间是读者付出的最大阅读成本

怎么读是读者面临的最大阅读障碍

“读书破万卷”不仅仅在“万”，更重要的是在“破”！

现在，我们构建了全新的“湛庐阅读”App。它将成为你“破万卷”的新居所。在这里：

- 不用考虑读什么，你可以便捷找到纸书、电子书、有声书和各种声音产品；
- 你可以学会怎么读，你将发现集泛读、通读、精读于一体的阅读解决方案；
- 你会与作者、译者、专家、推荐人和阅读教练相遇，他们是优质思想的发源地；
- 你会与优秀的读者和终身学习者为伍，他们对阅读和学习有着持久的热情和源源不绝的内驱力。

从单一到复合，从知道到精通，从理解到创造，湛庐希望建立一个“与最聪明的人共同进化”的社区，成为人类先进思想交汇的聚集地，与你共同迎接未来。

与此同时，我们希望能够重新定义你的学习场景，让你随时随地收获有内容、有价值的思想，通过阅读实现终身学习。这是我们的使命和价值。

湛庐阅读App

思想者的 声音图书馆

倡导亲自阅读

不逐高效，提倡大家亲自阅读，通过独立思考领悟一本书的妙趣，把思想变为己有。

阅读体验一站满足

不只是提供纸质书、电子书、有声书，更为读者打造了满足泛读、通读、精读需求的全方位阅读服务产品——讲书、课程、精读班等。

以阅读之名汇聪明人之力

第一类是作者，他们是思想的发源地；第二类是译者、专家、推荐人和教练，他们是思想的代言人和诠释者；第三类是读者和学习者，他们对阅读和学习有着持久的热情和源源不绝的内驱力。

CHEERS

以一本书为核心

遇见书里书外，更大的世界

有声书

随时随地，有温度、
有感情地听本书

纸质书

湛庐纸书一站购买
还有读者专享福利

精读

2~4周，带你读完、
读懂、读透一本好书

电子书

最新最全的湛庐电子书
随时随地亲自阅读

讲书

30分钟
大咖给你讲本书
让你挑书不费劲

延伸阅读

编辑精心制作的内容拓展
测试、视频、注释、参考文献
只为优化你的体验

课程

权威专家带你快速浏览
一个领域的知识概貌

专题

主题式阅读书单
让你与更多好书相遇

图书在版编目（CIP）数据

整合思维 /（加）罗杰・马丁著；王培译．
--杭州：浙江人民出版社，2019.8（2022.1重印）
书名原文：The Opposable Mind
ISBN 978-7-213-09373-9

Ⅰ．①整… Ⅱ．①罗… ②王… Ⅲ．①思维方法
Ⅳ．① B804

中国版本图书馆 CIP 数据核字（2019）第 156600 号

浙江省版权局
著作权合同登记章
图字：11-2019-180号

上架指导：商业新思维

整合思维

[加] 罗杰・马丁　著
王　培　译

出版发行：浙江人民出版社（杭州体育场路 347 号　邮编　310006）
市场部电话：(0571) 85061682　85176516
集团网址：浙江出版联合集团　http://www.zjcb.com
责任编辑：方　程
责任校对：陈　春
印　　刷：天津中印联印务有限公司
开　　本：880mm × 1230mm 1/32　　印　　张：7.75
字　　数：127 千字　　插　　页：1
版　　次：2019 年 8 月第 1 版　　印　　次：2022 年 1 月第 3 次印刷
书　　号：ISBN 978-7-213-09373-9
定　　价：59.90 元